中文版

新手
视听轻松学

柏松 主编

Windows
操作应用

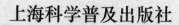

上海科学普及出版社

图书在版编目（CIP）数据

中文版 Windows 操作应用 / 柏 松 主编.—上海：
上海科学普及出版社，2009.3
ISBN 978-7-5427-4161-5

I. 中… II. 柏… III. 窗口软件，Windows IV. TP316.7

中国版本图书馆 CIP 数据核字（2008）第 201536 号

策　划　胡名正
责任编辑　徐丽萍

中文版 Windows 操作应用

柏　松 主编

上海科学普及出版社出版发行

（上海中山北路 832 号　邮政编码 200070）

http://www.pspsh.com

各地新华书店经销　　　北京市蓝迪彩色印务有限公司印刷
开本 787×1092　　1/16　　印张 14.75　　字数 328 000
2009 年 3 月第 1 版　　　2009 年 3 月第 1 次印刷

ISBN 978-7-5427-4161-5　　　　　　　　定价：25.00 元
ISBN 978-7-89992-655-0　（附赠多媒体教学光盘 1 张）

内容提要

本书是"新手视听轻松学"丛书之一，针对初学者的需求，从零开始、系统全面地讲解电脑办公应用的基础知识与操作。

本书共 13 章，通过理论与实践相结合，全面详细、由浅入深地讲解 Windows XP 快速入门、Windows XP 基本操作、Windows XP 个性化设置、Windows XP 文件管理、Windows XP 文字输入、Windows XP 系统优化、Windows XP 网络功能、Windows XP 安全维护、Windows XP 娱乐功能、Windows XP 高级管理、Windows XP 常用程序、Windows Vista 快速入门和 Windows Vista 全新体验等内容。

本丛书明确定位于初、中级读者。书中内容均从零起步，初学者只需按照书中的操作步骤、图片说明，或根据多媒体光盘中的视频与音频进行学习，便可轻松地做到学有所成。本丛书适用于电脑入门人员、在职求职人员、各级退休人员，也可作为各大、中专院校、各高职高专学校、各社会培训学校、单位机构等的学习教材与辅导教材。

前 言

——新手视听轻松学，生活工作都如愿——

"新手视听轻松学"丛书采用"左边是操作步骤、右边是图片注解"的双色、双栏排版方式，以简洁、通俗的文字，配上清晰的图片、注解，让读者一目了然、轻松入门、快速掌握。

本系列丛书随书配有视听多媒体光盘，读者可以结合图书，也可以单独观看视频，进行视听式学习。通过 120 段精华视频的学习，读者能够在短时间内掌握各项技能，快速成为电脑操作与应用的高手。

📖 丛书主要内容

"新手视听轻松学"丛书通过最热门的电脑软件，以各软件最常用的版本为工具，讲解软件最核心的知识点，让读者掌握最实用的内容。

本系列丛书主要包括：

《电脑操作入门》 　　　　　　　　　《电脑办公应用》

《中文版 Word 办公应用》 　　　　　《中文版 Excel 表格制作》

《中文版 Office 办公应用》 　　　　　《中文版 Windows 操作应用》

《中文版 Dreamweaver 网页设计》 　《中文版 AutoCAD 辅助绘图》

📖 丛书主要特色

"新手视听轻松学"丛书，具有以下四大特色：

（1）从零起步，由浅入深地轻松学习电脑操作——新手速成，快速掌握核心技术与精髓

丛书内容完全从零起步，新手在没有任何基础的情况下，根据由浅入深的理论、循序渐进的实例，不仅可以逐步精通软件的核心技术与精髓内容，还可以通过实例效果的制作，融会贯通、举一反三，制作出成百上千的效果，将学到的知识迅速地运用到日常的生活和工作中。

（2）时尚新颖的 MP3/MP4/手机学习模式——像听歌、学英语一样轻松掌握电脑技能

丛书附赠的多媒体光盘，不仅可以让读者跟随演示轻松学习，还特意将解说音频和演示视频文件单独提供，读者可以将音频文件复制到 MP3、MP4 或手机中，像听歌、学英语一样，享受随身视听的乐趣，随时随地进行学习，轻松掌握电脑技能。

（3）双色印刷让操作重点与技巧一目了然——全程图解让内容通俗易通、跃然纸上

丛书以黑白印刷为主，而图片注释、操作序号、图片标号、注意事项、知识加油站等体例，则以彩色显示。这种双色印刷方式，让读者对操作的重点和技巧一目了然。书中内容均以全程图解的方式诠释，让内容变得通俗易懂、跃然纸上。

（4）体例新颖，独创五学一体课堂式教学——超值拥有书+120 段视频+120 段音频

本书体例新颖，独创"学时安排＋学有所成＋学习视频＋学中练兵＋学后练手"的五学一体课堂方式，站在读者的立场充分考虑和设计，为读者打造全新的学习氛围。购买本书者

将物超所值，不仅拥有本书，还拥有附赠的 120 段视频和 120 段音频。

📖 丛书光盘特色

本书的配套光盘是一套精心开发的专业级多媒体教学光盘，具有以下四点特色：

（1）界面美观、操作简便：光盘播放界面制作精美、项目链接简单，让您操作方便快捷。

（2）视频音频、超值拥有：光盘中含有 120 段视频与 120 段音频，让读者超值拥有。

（3）MP3 格式、随处可听：光盘中的音频为 MP3 格式，可复制到 MP3、MP4、手机中随时边听边学。

（4）专家讲解、私人课堂：享受专家级的讲解、私人课堂式的视频教学，让您快速成为电脑操作与应用的高手。

📖 丛书读者对象

如果您是一名电脑初学者，那么本套丛书正是您所需要的。本丛书明确定位于初、中级读者，书中每个操作皆是从零起步。初学者只需按照书中操作步骤、图片说明，或根据随书附赠的多媒体视频，便可轻松掌握软件技术。本丛书适用于电脑入门人员、在职求职人员、各级退休人员，也可作为各大/中专院校、各高职高专院校、各社会培训学校、单位机构的学习与辅导教材。

📖 本书主要内容

本书共 13 章，通过理论与实践相结合，全面、详细、由浅入深地讲解 Windows XP 快速入门、Windows XP 基本操作、Windows XP 个性化设置、Windows XP 文件管理、Windows XP 文字输入、Windows XP 系统优化、Windows XP 网络功能、Windows XP 安全维护、Windows XP 娱乐功能、Windows XP 高级管理、Windows XP 常用程序、Windows Vista 快速入门和 Windows Vista 全新体验等内容。

📖 丛书作者队伍

本书由湖南专业 IT 图书作家兼教育专家柏松先生策划、主编，参与具体编写的老师分别来自湖南大学、湖南师范大学、新华教育、思远教育、湖南生物机电、湖南艺术职业学院、长沙大学、湖南第一师范、湖南科技职业学院等院校，在此对他们的辛勤劳动表示诚挚的谢意。

📖 丛书服务邮箱

由于编写时间仓促和水平有限，书/盘中难免有疏漏与不妥之处，欢迎各位读者来信咨询指正，联系网址：http://www.china-ebooks.com。我们将认真听取您的宝贵意见，奉献更多的精品图书。

书中所提及与采用的公司及个人名称、优秀产品创意、图片和商标等，均为所属公司或者个人所有。本书引用仅为说明（教学）之用，绝无侵权之意，特此声明。

编 者
2008 年 12 月

目 录

第 1 章

Windows XP 快速入门

本章学习时间安排建议：

总体学习时间为 3 课时，其中分配 2 课时用于电脑操作的同时学习 Windows XP 的基础知识，分配 1 课时观看多媒体教程并自行上机进行操作。

学有所成

学完本章，您应能掌握以下技能：

◇ 了解 Windows XP 发展史
◇ 启动与退出 Windows XP
◇ 掌握 Windows XP 的安装需求
◇ 掌握安装 Windows XP 的方法

Windows XP 是目前最流行的基于图形界面的操作系统。其由 Microsoft 公司推出，是性能卓越的操作系统，可满足各个领域的应用。本章将带领读者对 Windows XP 进行全面的了解。

1.1　了解 Windows XP

面对众多的操作系统，选择一款适合自己的操作系统十分重要。不同的操作系统，其功能与用途也大有不同。在选择操作系统之前，需对各操作系统进行了解。本节对 Windows XP 操作系统进行详细的介绍。

1.1.1　Windows XP 发展史

Windows XP 操作系统是微软公司于 2001 年 10 月 25 日发布的一款个人计算机操作系统。它是在 Windows 2000 操作系统内核的基础之上开发的新一代操作系统，是 Windows 98/Me/NT/2000 的升级产品，分为家庭版（Home Edition）、专业版（Professional Edition）和其他版本。Windows XP 操作系统注重多媒体特征，并提供了易用的用户切换功能，使用起来非常简单。

1.1.2　Windows XP 版本选择

如果读者的计算机主要用于文字处理、上网浏览信息、QQ 聊天和学习等，可选择安装 Windows XP 操作系统的家庭版。此版本对计算机硬件配置的要求不是很高，价格也为普通用户所能接受。如果准备从事图形图像、影片处理和处理各种数据报表等工作，建议安装 Windows XP 操作系统专业版。此版本具有很强的安全性，比较适合专业人士使用。Windows XP 操作系统其他版本的安装对计算机硬件配置的要求较高，适合不同层次的人员使用。

1.1.3　Windows XP 安装需求

安装 Windows XP 操作系统的家庭版和专业版对计算机的配置要求为：CPU 最低为 Pentium 233MHz，内存最低为 64MB，显示卡分辨率最低为 800 像素×600 像素，而且为真彩色，硬盘空间为 1.5GB 以上。如果安装 Windows XP 操作系统的其他版本，则 CPU 至少达到 300MHz，内存在 128MB 以上。

1.2　Windows XP 的安装

在使用 Windows XP 之前，需先在计算机中安装好 Windows XP 操作系统。本节介绍安装 Windows XP 的方法。

1.2.1　准备过程

对于新组装或者需要重新安装操作系统的计算机，建议全新安装 Windows XP 操作系统，在安装之前，应先准备好 Windows XP 安装光盘，并使用安装光盘启动计算机。

1.2.2　正式安装

　　安装 Windows XP 操作系统是一个很轻松的过程，它的安装步骤并不多，用户可以根据安装工作界面中的提示信息进行操作。在安装过程中，系统会提示安装进度及所需时间，整个安装过程清晰明了。安装 Windows XP 的具体操作步骤如下：

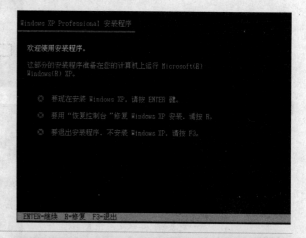

▶▶01

在光驱中放入系统安装光盘并重新启动计算机。

▶▶02

系统开始加载文件和驱动程序。

▶▶03

加载完成后，进入安装界面。

▶▶04

按【Enter】键确认安装。

▶▶05

显示 Windows XP 许可协议。

▶▶06

按【F8】键，接受许可协议。

用户在仔细阅读许可协议之后，必须按【F8】键才能进入下一步操作。

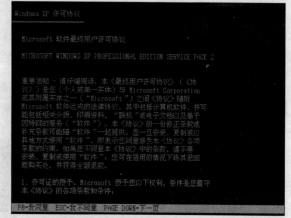

▶▶07

显示相应的安装程序的提示信息。

▶▶08

按【Enter】键确认安装。
*

在安装 Windows XP 的过程中，鼠标是不能使用的，在进行选择选项的时候，可以按键盘上的方向键。

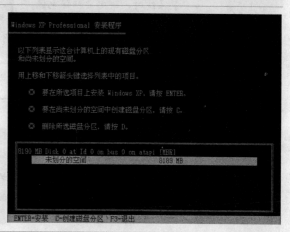

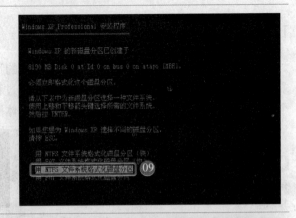

▶▶09

选择相应的文件系统格式。

▶▶10

按【Enter】键确认。

 在右图所示的界面中，用户可根据需要选择不同的文件系统格式。

▶▶11

系统开始自动格式化磁盘。

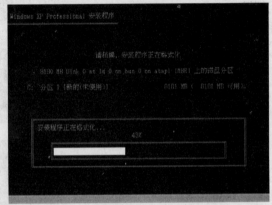

 在安装 Windows XP 之前，用户一定要确保安装系统的磁盘中的文件已备份或转移，因为格式化磁盘后，该磁盘中的文件将全部丢失。

▶▶12

格式化完成后，安装程序开始将文件复制到计算机中，同时显示复制文件的进度。

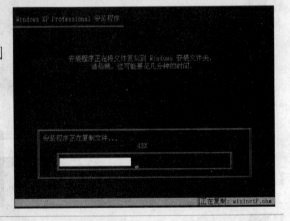

 安装系统时，一定要确保电源的稳定，不要乱按键盘或乱动其他硬件设备。

加 油 站

　　Windows XP 操作系统有升级安装和全新安装两种安装方式，不过升级安装只能从 Windows 98 以上版本的操作系统或 Windows NT（安装 SP6 以后）升级。全新安装是指安装一个全新的 Windows XP 操作系统。操作系统经过长时间运行后，会产生大量注册信息或者垃圾信息，从而使系统运行速度变慢。此时，以修复方式安装操作系统可以解决这一问题。但是，安装操作系统的频率不能过余频繁，因为频繁安装系统会在一定程度上损坏硬盘。

13

文件复制完成后，系统将自动重启，并开始自动安装，同时显示 Windows XP 一系列的新特性。

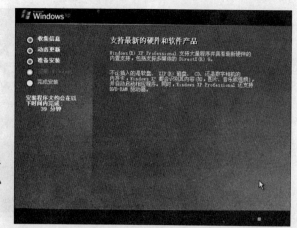

注意啦

完整地安装 Windows XP 大致需要 40 分钟，但不同的计算机配置也会影响安装速度。

14

显示 Windows XP 新特性和安装进度。

注意啦

安装过程是一个较为漫长的过程，在此过程中，用户除了进行一些必要的设置外，并无必要留守在计算机旁。

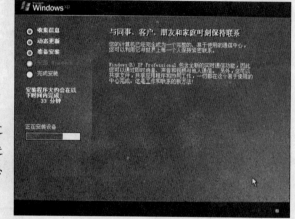

15

安装过程中会弹出 "Windows XP
Professional 安装程序" 对话框。

16

设置相应的区域语言后，单击 "下一步" 按钮。

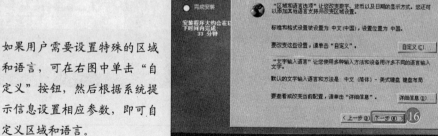

注意啦

如果用户需要设置特殊的区域和语言，可在右图中单击 "自定义" 按钮，然后根据系统提示信息设置相应参数，即可自定义区域和语言。

加 油 站

安装 Windows XP 时，除了必要的设置外，一般情况下使用默认的设置即可。

17

设置相应的名称和密码后，单击"下一步"按钮。

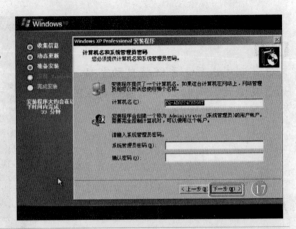

在右图所示的对话框中，用户可为计算机设置名称，以及计算机管理员密码等。

 18

设置年份和时间。

19

单击"下一步"按钮。

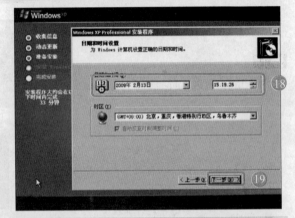

在右图所示的对话框中，若在中国地区内，采用默认的时区即可。

20

各参数采用默认设置，单击"下一步"按钮。

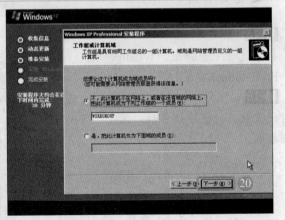

如果用户需要成为局域网内的成员，可在右图所示的对话框中选中"是，把此计算机作为下面域的成员"单选按钮，并在其下侧的文本框中输入相应的内容，然后单击"下一步"按钮即可。

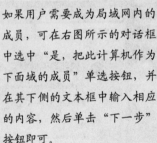

加 油 站

操作系统是直接与硬件打交道的，在安装的过程中，用户可根据计算机硬件的不同进行不同的配置。Windows XP Professional 新增了许多功能和工具，例如，可以使用"远程桌面"功能在家中访问用户办公地点的计算机及其资源；使用 NetMeeting 功能，可以与在任何地方的任何人举行虚拟会议，还可以使用音频、视频或聊天工具参加讨论。

设置完相应的参数后，系统开始自动安装，并显示新特性。

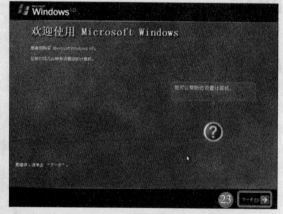

系统自动重启后，进入欢迎界面。

23

单击"下一步"按钮。

用户在安装过程中，如果需要帮助信息，可在右图所示界面中单击帮助按钮，获取帮助信息。

注意啦

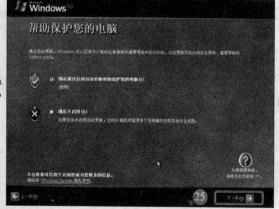

24

显示帮助保护您的电脑界面。

25

根据实际需要选择是否启用保护功能，这里选中"现在通过启用自动更新帮助保护我的电脑"单选按钮，然后单击"下一步"按钮。

注意啦

用户也可在系统安装完成后通过控制面板启用保护功能。

加 油 站

　　Windows XP 集成的 IE 6.0 支持 W3C 协会的 P3P 标准，因而当用户访问 Web 站点时，可以用它来帮助控制个人信息的安全。如果用户在 IE 6.0 中定义了透露个人信息的隐私参数选项，系统将自动判断访问的 Web 站点是否遵守 P3P。对于 P3P 站点，系统会把用户的隐私参数和站点定义的隐私策略进行比较。系统使用 HTTP 协议来交换策略信息。根据用户的隐私参数设置，系统将决定是否向 Web 站点泄露个人信息。

▶▶26
进入网络设置界面。

▶▶27
根据实际需要，设置连接到 Internet 的方式，这里选中"数字用户（DSL）或电缆调制解调器"单选按钮，单击"下一步"按钮 ➡。

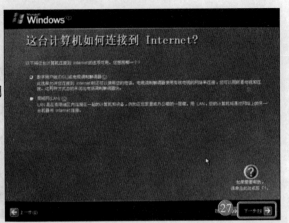

注意啦

在右图中，用户如果暂时不需要连接到 Internet，可单击"跳过"按钮 ▶▶。

▶▶28
进入设置 Internet 账户界面，输入服务商提供的用户名和密码，以及 ISP 的服务名。

▶▶29
单击"下一步"按钮。

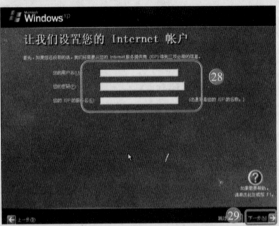

注意啦

用户名和密码是指电信或网通服务部门提供的账号和密码，不能随意设置，而 ISP 服务名可以随意设定。

▶▶30
进入 Windows XP 注册界面。

▶▶31
选中"否，现在不注册"单选按钮，然后单击"下一步"按钮 ➡。

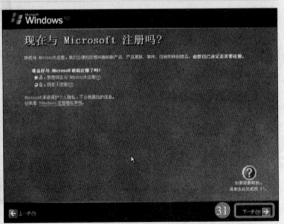

注意啦

如果用户需要激活 Windows XP，可在右图中选中"是，我现在与 Microsoft 注册"单选按钮，然后单击"下一步"按钮 ➡，并根据系统提示信息进行相应设置即可。

加 油 站

　　注册 Windows XP 是微软公司防止盗版的一种手段，未注册的系统在今后的使用过程中，会收到微软公司的提示信息，某些特殊功能也将不能使用。

32

进入账户设置界面。

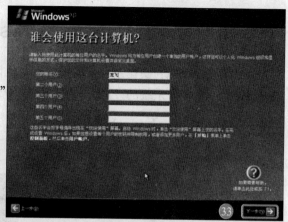

 33

根据实际需要，输入用户名，单击"下一步"
按钮 ➡。

注意啦 Windows XP 不仅可以支持多
用户，而且各用户都可以有独
自的配置，还不会互相干扰。

 34

单击"完成"按钮 ➡，完成 Windows XP 的
安装。

注意啦 单击"完成"按钮后，系统将
自动注销并以新用户的身份
登录。

 35

系统重启后，即可进入 Windows XP 操作系
统的主界面窗口。

注意啦 安装 Windows XP 后，对于
Windows XP 无法识别的硬件
（如主板、显卡、声卡等），用
户还需安装相应的驱动程序，
才能正常使用该硬件设备。

加 油 站

如果在计算机中创建了多个用户，开机时将显示一个登录界面，单击相应账户后，输入登录密码，
然后按【Enter】键，即可登录 Windows XP。

1.3　Windows XP 的启动

安装 Windows XP 操作系统后，用户就可以随时进入该操作系统进行操作。本节介绍启动 Windows XP 操作系统的方法，以及多用户登录 Windows XP 操作系统的方法。

1.3.1　启动 Windows XP

启动 Windows XP 操作系统的方法很简单，具体操作步骤如下：

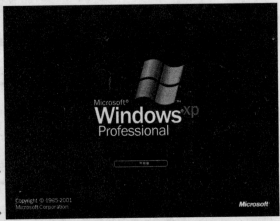

01
打开显示器电源开关。

02
然后按下主机电源开关。

03
此时系统将运行自检程序，并显示自检信息。

04
自检完成后，将进入 Windows XP 的启动画面。

05
进入欢迎界面。

如果 Windows XP 操作系统是单用户管理，则无须切换用户即可直接进入欢迎界面。首次运行 Windows XP 系统会花费较长时间。

注意啦

加 - 油 - 站

如果用户安装了多个版本的操作系统，则计算机在完成自检后，将显示系统选择菜单，用户可以根据提示选择要启动的操作系统。在启动 Windows XP 操作系统时如果按【F8】键，屏幕上就会显示 Windows XP 启动的高级选项菜单，通过这些选项可选择不同的模式启动 Windows XP。

进入 Windows XP 操作界面。

经典版本的 Windows XP 系统桌面为蓝天白云图案，不同版本的系统，桌面可能有所不同。刚安装的 Windows XP 系统桌面仅有回收站图标，其他图标需通过设置才可显示。

1.3.2　多用户登录

如果计算机中注册了多个用户，启动 Windows XP 操作系统时的欢迎界面将显示所有用户账号（用户名），单击相应账号，输入密码，并按回车键，即可进入系统。

1.4　Windows XP 的退出

不使用计算机时，可以退出 Windows XP 系统并关机。在关闭计算机之前，先关闭所有正在系统中运行的程序，这样可以避免由于没有保存数据而造成损失。本节介绍如何正确退出 Windows XP 操作系统以及如何使计算机进入待机状态。

1.4.1　注销用户

注销用户的具体操作步骤如下：

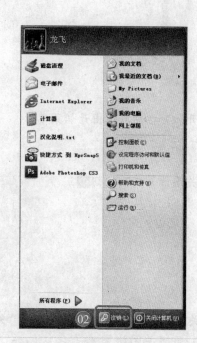

01

在 Windows XP 系统的任务栏上单击"开始"按钮，弹出"开始"菜单。

02

单击"注销"按钮。

注销当前用户后，当前的应用程序将关闭，系统将返回到登录界面，根据需要可重新选择新用户登录。

▶▶ 03

在注销提示信息框中，单击"注销"按钮，
即可注销系统。

1.4.2 切换用户

切换用户的具体操作步骤与注销系统类似，在"注销 Windows"提示信息框中，单击"切换用户"按钮，将显示切换用户界面，单击相应用户名并输入密码后，按回车键即可进入该用户账户。

1.4.3 关闭计算机

关闭计算机的具体操作步骤如下：

▶▶ 01

单击"开始"按钮，弹出开始菜单。

▶▶ 02

单击"关闭计算机"按钮。

▶▶ 03

弹出"关闭计算机"提示信息框，单击"关闭"
按钮，即可关闭计算机。

使用计算机的过程中，不能频繁地开机或关机，且关机之后不要立即开机，至少要间隔 1 分钟。

1.4.4　待机

　　单击"开始"按钮，弹出开始菜单，单击"关闭计算机"按钮，在弹出的"关闭计算机"提示信息框中单击"待机"按钮，可将计算机转入待机状态，即整个计算机低耗能状态，且计算机内存中的所有信息都将保存到硬盘上，从而可节约用电，又可避免频繁开关机。

1.4.5　异常退出

　　在运行应用程序时，如果遇到某个应用程序无响应的情况，可先结束该应用程序，然后再执行关闭命令，即可退出 Windows XP 系统，具体操作步骤如下：

01

按【Ctrl + Alt + Delete】组合键，弹出"Windows 任务管理器"窗口。

02

选择需要结束的应用程序，单击"结束任务"按钮结束该程序，然后单击"关机"|"关闭"命令即可退出。

注意啦

在右图所示的列表框中，列出了所有正在运行的应用程序，选择相应程序，然后单击"结束任务"按钮，系统将终止该程序的运行，系统也有可能恢复正常。

　　如果通过上述方法仍无法退出 Windows XP，可以按住主机电源开关 4 秒，即可退出 Windows XP。

1.5　学中练兵——快速关闭计算机

　　用普通关闭计算机的方法关闭计算机通常较慢，但却非常安全。在某些特殊情况下，可使用快速关闭计算机的方法，具体操作方法如下：

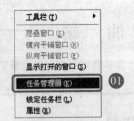

 01

在任务栏的空白位置单击鼠标右键，弹出快捷
菜单，选择"任务管理器"选项。

 02

打开"Windows 任务管理器"窗口。

03

按住【Ctrl】键的同时，单击"关机"|"关闭"
命令，即可快速关机。

按【Ctrl + Alt + Delete】组合键，
也可打开"Windows 任务管理
器"窗口。

注意啦

1.6　学后练手

本章讲解了 Windows XP 的基础知识，包括了解 Windows XP、Windows XP 的安装、启动与退出 Windows XP。本章学后练手是为了帮助读者更好的掌握 Windows XP 的基础知识，请大家结合本章所学知识认真完成。

一、填空题

1. Windows XP 操作系统是_____公司于 2001 年 10 月 25 日发布的一款个人计算机操作系统。

2. 如果用户的计算机主要用于文字处理、上网浏览信息、QQ 聊天和学习等，可选择安装 Windows XP 操作系统的_____。

3. 按_____组合键，可打开"Windows 任务管理器"窗口。

二、简答题

1. 简述安装 Windows XP 的方法。

2. 简述启动 Windows XP 的方法。

三、上机题

1. 练习注销计算机。

2. 练习启动与退出 Windows XP。

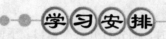

第 2 章

Windows XP 基本操作

学习安排

本章学习时间安排建议：

总体时间为 3 课时，其中分配 2 课时对照书本学习 Windows XP 的基本操作，分配 1 课时观看多媒体教程并自行上机进行操作。

学有所成

学完本章，您应能掌握以下技能：

◇ 操作窗口的方法
◇ 操作图标的方法
◇ 操作菜单的方法

Windows XP 操作系统与以往的 Windows 系统版本相比有了许多改进，增加了众多的新技术和功能。本章将详细介绍 Windows XP 窗口的操作、图标的操作以及菜单的操作等内容。

2.1　窗口操作

Windows XP 操作系统中的大部分操作任务都是通过窗口来完成的，因此掌握窗口的基本操作是至关重要的。本节介绍有关窗口的一系列操作，如窗口的打开、最小化、最大化、移动、改变大小和关闭等。

2.1.1　打开窗口

当用户需查看计算机内的文件时，需先打开某个窗口。下面以打开"我的文档"窗口为例，介绍打开窗口的方法，具体操作步骤如下：

▶▶01
在桌面的"我的文档"图标上单击鼠标右键，弹出快捷菜单。

▶▶02
选择"打开"选项。

在桌面的某个系统图标或快捷方式图标上双击鼠标左键，也可打开相应的窗口。

▶▶03
打开的"我的文档"窗口如右图所示。

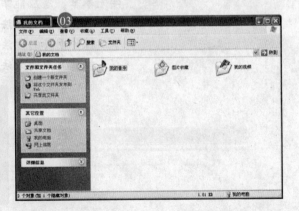

"我的文档"窗口中的文件夹是系统盘符下自动创建的特殊文件夹。在"我的文档"窗口中还包含"我的音乐"和"图片收藏"等文件夹。

2.1.2　最小化窗口

当用户需查看其他窗口时，可将当前窗口最小化。下面以最小化"我的电脑"窗口为例，介绍最小化窗口的方法，具体操作步骤如下：

在桌面中"我的电脑"图标上单击鼠标右键，弹出快捷菜单。

选择"打开"选项。

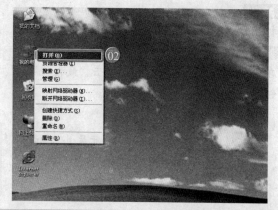

按【Windows 徽标键 + E】组合键，也可打开"我的电脑"窗口。

注意啦

打开"我的电脑"窗口。

在"我的电脑"窗口右上角单击"最小化"按钮 ■。

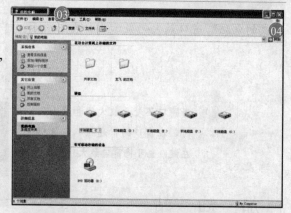

按一下【Windows 徽标键 + D】组合键可将桌面上所有打开的窗口都以最小化形式显示在任务栏上；再按一下此组合键可使这些窗口恢复原状显示

注意啦

"我的电脑"窗口最小化后如右图所示。

处于最小化的窗口并没有被关闭，而是放置在任务栏中以最小化显示而已。用户也可用这种方法将应用程序窗口最小化显示。

注意啦

加－油－站

将一个应用程序的窗口最小化显示后，该应用程序仍然处于运行状态。

2.1.3　最大化窗口

最大化窗口与最小化窗口的操作刚好相反，最大化的窗口将充满整个屏幕。下面以最大化"我的电脑"窗口为例，介绍最大化窗口的操作方法，具体操作步骤如下：

01

打开"我的电脑"窗口。

 02

在"我的电脑"窗口右上角单击"最大化"按钮．

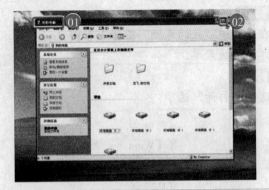

> 注意啦 只有当窗口不处于最小化和最大化时，才能执行最大化操作。

 03

"我的电脑"窗口最大化显示后如右图所示。

> 注意啦 当窗口不处于最大化和最小化时，在窗口的标题栏双击鼠标左键，也可将窗口最大化显示。

加 油 站

当窗口最大化显示时，"最大化"按钮□将变为"还原"按钮□，单击"还原"按钮，窗口即可恢复到原来的大小。

2.1.4 移动窗口

在 Windows XP 中，窗口在桌面上的位置是可以移动的，这样用户可以将窗口置于最方便的位置。移动窗口的方法有两种，下面分别进行介绍。

1. 鼠标法

使用鼠标法移动窗口的具体操作步骤如下：

 01

打开"我的电脑"窗口。

 02

将鼠标指针移至窗口的标题栏处。

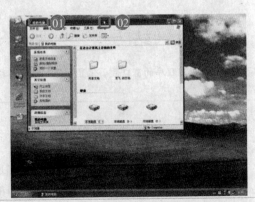

> 注意啦 在 Windows XP 中，对话框也可以用此法进行移动。

03

按住鼠标左键并拖动鼠标，至合适位置后释放鼠标，即可移动窗口。

 移动窗口或对话框是 Windows XP 中常用的操作，用户一定要掌握它们的移动方法。

2. 键盘法

使用键盘法移动窗口的具体操作步骤如下：

01

打开"我的电脑"窗口。

02

在标题栏中单击鼠标右键，弹出快捷菜单。

03

选择"移动"选项。

 按【Alt + Space】，也可弹出右图所示的快捷菜单。

04

按键盘上的方向键移动窗口。

05

按【Enter】键确认并结束移动操作。

 按住【Ctrl】键的同时，使用键盘法移动窗口将比鼠标法移动窗口更加精确。

2.1.5　改变窗口大小

在 Windows XP 中，窗口的大小及位置都可随意调整，调整窗口大小的操作很简单，具体操作步骤如下：

01

打开"我的电脑"窗口。

02

将鼠标指针移至窗口边缘。

 当鼠标指针位于窗口左侧或右侧边缘时，只能改变窗口的宽度。

03

当鼠标指针呈双向箭头形状时，按住鼠标左键并拖动鼠标，即可调整窗口大小。

当鼠标指针位于窗口上侧或下侧边缘时，只能改变窗口的高度。

2.1.6 多窗口排列

如果同时打开了多个窗口，整个桌面就会显得杂乱无章，操作起来很不方便。此时可以对窗口进行排列，如层叠窗口。下面以将桌面上的多个窗口按照层叠顺序进行排列为例，介绍多窗口排列的方法，具体操作步骤如下：

01

打开多个窗口。

Windows XP 中的窗口，通常还包括边框和滚动条等部分，边框和滚动条用于调整窗口的尺寸和显示内容。

02

在任务栏空白位置单击鼠标右键，弹出快捷菜单。

03

选择"层叠窗口"选项。

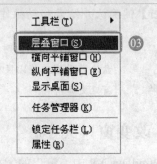

若用户在右图所示的快捷菜单中选择"横向平铺窗口"或"纵向平铺窗口"选项，可将多个窗口横向或纵向平铺显示。

04

将多个窗口层叠显示后，效果如右图所示。

当用户以层叠模式显示窗口时，系统会将各窗口以最小的显示空间显示，并且将标题栏显示出来，这样可方便用户进行选择。

2.1.7 切换窗口

打开多个窗口后，可以根据需要在窗口之间进行切换。切换窗口可以通过任务栏按钮来完成。下面以切换至"我的电脑"窗口为例，介绍切换窗口的方法，具体操作步骤如下：

01
打开多个窗口（包括"我的电脑"窗口）。

02
在任务栏上单击"我的电脑"按钮。

最小化窗口后，在任务栏上的相应窗口按钮上单击鼠标右键，在弹出的快捷菜单中也可执行最大化、还原和关闭等操作。

03
切换至"我的电脑"窗口。

切换窗口时，按住【Alt】键不放，然后按【Tab】键，也可切换窗口；逐次按【Tab】键，即可在多个窗口之间进行循环切换。

2.1.8 关闭窗口

关闭窗口的操作方法非常简单，具体操作方法如下：

在需要关闭的窗口中单击"文件"|"关闭"命令，即可将该窗口关闭。

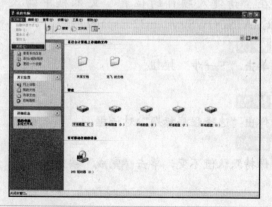

按【Alt + F4】组合键，或单击窗口右上角的"关闭"按钮✕，也可关闭当前窗口。

2.2 图标操作

进入 Windows XP 主界面后，桌面图标都整齐地排列在桌面左侧。用户可以根据需要对桌面图标进行设置，如添加桌面图标、使用图标启动程序、排列桌面图标和删除桌面图标等，下面分别进行介绍。

2.2.1　将程序图标添加至桌面

为了更加方便地启动应用程序、可以将常用的应用程序的启动图标放到桌面上，这样就不需要频繁通过"开始"菜单或其他方法启动相应程序了。下面以在桌面上添加"画图"程序图标为例，介绍将程序图标添加至桌面的方法。

1．使用对话框创建桌面图标

使用对话框创建桌面图标的具体操作步骤如下：

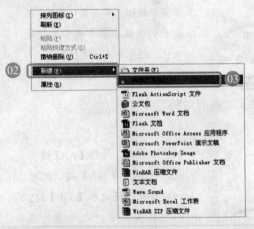

01
在桌面的空白位置单击鼠标右键，弹出快捷菜单。
02
选择"新建"选项。
03
选择"快捷方式"选项。

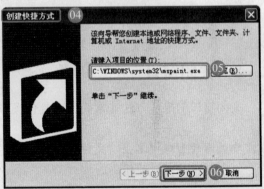

04
弹出"创建快捷方式"对话框。
05
在"请键入项目的位置"文本框中输入 C:\WINDOWS\system32\mspaint.exe。
06
单击"下一步"按钮。

07
弹出"选择程序标题"对话框。
08
保持默认值不变，单击"完成"按钮。

注意啦　　　在右图所示的对话框中可输入用户需要的名称。

▶▶ 09

将"画图"程序图标添加至桌面后的效果如右图所示。

大多数软件在安装之后均会自动创建桌面图标。将程序图标添加至桌面后，双击该图标，即可启动相应程序。

2. 使用菜单命令创建桌面图标

使用菜单命令创建桌面图标的具体操作步骤如下：

▶▶ 01

单击"开始"按钮，弹出"开始"菜单。

▶▶ 02

选择"所有程序"｜"附件"选项。

▶▶ 03

在"画图"选项上单击鼠标右键，弹出快捷菜单。

▶▶ 04

选择"发送到"选项。

▶▶ 05

选择"桌面快捷方式"选项。

▶▶ 06

将"画图"程序图标添加至桌面的效果如右图所示。

在"开始"菜单中将程序图标直接拖曳至桌面上，也可创建相应程序的桌面图标。

2.2.2　排列桌面图标

在 Windows XP 中，可以对桌面图标按照某种方式进行排列，如名称、大小、类型和修改时间等。

1. 按修改时间排列桌面图标

下面以按修改时间排列桌面图标为例，介绍排列图标的方法，具体操作步骤如下：

01

在桌面上单击鼠标右键，弹出快捷菜单，选择"排列图标"选项。

02

在弹出的子菜单中选择"修改时间"选项。

在右图所示的快捷菜单中，还包括"按名称"、"类型"和"大小"等选项。

03

将桌面图标按"修改时间"方式进行排列后，效果如右图所示。

最后修改的桌面图标将放置在桌面图标的最后面，这样可方便用户查看最近修改的文件。

2. 自由排列桌面图标

默认状态下，桌面上的图标都按一定的规律进行排列。为了实现某些个性化设置，用户可将桌面图标随意摆放。下面介绍自由排列桌面图标的方法，具体操作步骤如下：

01

在桌面上单击鼠标右键，弹出快捷菜单，选择"排列图标"选项。

02

取消选择"自动排列"选项。

取消选择"自动排列"选项后，可将图标放置在桌面的任意位置。

03

将各图标拖曳至合适位置，即可将桌面图标自由排列。

若需将图标恢复至原处，只需再次选择"自动排列"选项即可。

2.2.3　删除桌面图标

对于一些不常用的桌面图标，用户可将其删除，以达到简化桌面的目的。下面以删除"画图"程序的桌面图标为例，介绍删除桌面图标的方法，具体操作步骤如下：

01
在"画图"程序的桌面图标上单击鼠标右键。

02
弹出快捷菜单，选择"删除"选项。

将程序的桌面图标删除后，其原程序并没有被删除。

03
弹出"确认文件删除"提示信息框，单击"是"按钮。

按【Shift + Delete】组合键，可将图标彻底删除而不经过回收站。

04
"画图"程序的桌面图标删除后的效果如右图所示。

过多的桌面图标不但影响美观，而且消耗系统资源，用户应将桌面上不常用的图标删除。

2.2.4　使用自动清理桌面向导

桌面清理向导可以在一定时间内将不常用的桌面图标放入一个文件夹中，使用自动清理桌面向导首先需创建向导。创建向导的具体操作步骤如下：

01
在桌面上单击鼠标右键，弹出快捷菜单，选择"属性"选项。

桌面清理向导可以帮助用户管理桌面图标，将不常用的图标收集在一起，并可在需要时将其恢复。

02

弹出"显示 属性"对话框，单击"桌面"选项卡，单击"自定义桌面"按钮。

桌面图标通常分为两种，一种是系统图标，如"我的电脑"；另一种是快捷方式图标，这两种图标的不同之处是系统图标左下角没有弯曲的箭头。

03

弹出"桌面项目"对话框。

04

在"桌面清理"选项区中单击"现在清理桌面"按钮。

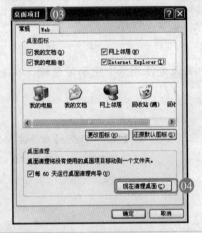

在 Windows XP 中，用户可以对常用的应用程序、文件夹、文件或者图片创建快捷方式图标，这样可以极大地提高工作效率。

05

弹出"清理桌面向导"对话框。

06

单击"下一步"按钮。

桌面图标过多会导致开机速度缓慢。

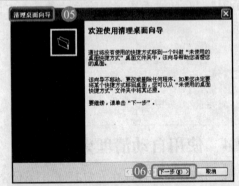

07

在"清理桌面向导"对话框中，选中需要清理的桌面图标左侧的复选框。

08

单击"下一步"按钮。

若用户不需删除某些不常用图标，可在右图所示的对话框中，取消选择相应图标左侧的复选框。

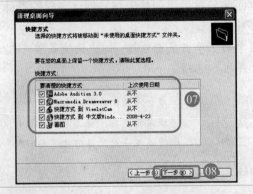

09
单击"完成"按钮。

10
返回"桌面项目"对话框,依次单击"确定"按钮即可。

若删除的桌面图标较多,在右图所示的对话框中单击"完成"按钮后,系统将耗费较长时间进行桌面清理。

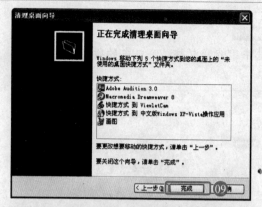

11
完成创建桌面清理向导后,系统会自动清理桌面。

打开"未使用的桌面快捷方式"文件夹,其中的快捷方式仍然可以使用,只不过它们被放置在一起了。

2.3　菜单操作

在 Windows XP 操作系统中,通过菜单可以完成许多功能。在窗口中,系统分门别类地将各个操作命令集中显示在菜单栏中。菜单主要分为窗口菜单和快捷菜单两种,本节分别介绍它们的使用方法。

2.3.1　窗口菜单

下面以在"我的电脑"窗口中将窗口工作区中的内容全部选中为例,介绍窗口菜单的使用方法,具体操作步骤如下:

01
打开"我的电脑"窗口。

02
单击"编辑"命令。

03
在弹出的菜单中单击"全部选定"命令。

按【Ctrl + A】组合键也可全选对象。

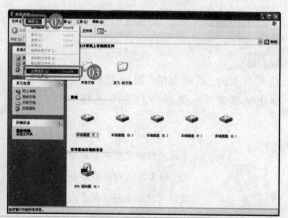

选中"我的电脑"窗口中的所有内容。

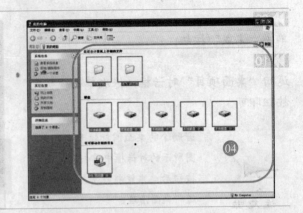

文件或文件夹被选中后，被选
择的对象名呈蓝底白字显示。

加—油—站

在打开的窗口中，每个菜单项后面都有带下划线的字母，只要按【Alt】键+相应的下划线字母键就可
以打开该菜单项。例如，要打开"我的电脑"窗口中的"工具"菜单，只需在"我的电脑"窗口中按【Alt
+T】组合键即可。

2.3.2 快捷菜单

快捷菜单一般指单击鼠标右键所弹出的菜单，下面以锁定任务栏为例，介绍快捷菜单的
使用方法，具体操作步骤如下：

01

在任务栏的空白位置单击鼠标右键。

02

弹出快捷菜单，选择"锁定任务栏"选项，即
可将任务栏锁定。

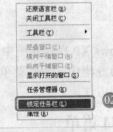

2.4 学中练兵——使用窗口菜单查看隐藏文件

默认状态下，一些重要的系统文件和隐藏的文件被隐藏起来，若用户需查看计算机中的
隐藏文件，可执行下列操作。

01

在桌面上的"我的电脑"图标上单击鼠标右键，
弹出快捷菜单，选择"打开"选项。

系统文件的完整关系到 Windows
XP 的正常运行，不是特别需要
建议用户不要将其显示。

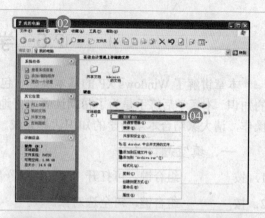

▶▶02

打开"我的电脑"窗口。

▶▶03

在需要查看隐藏文件的盘符上单击鼠标右键。

▶▶04

在弹出的快捷菜单中选择"打开"选项。

▶▶05

打开相应的窗口，单击"工具"菜单。

▶▶06

在弹出的菜单中单击"文件夹选项"命令。

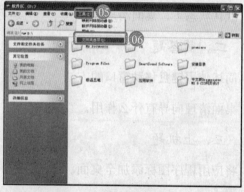

在右图所示的窗口中，按【Alt
+T+O】组合键，也可打开"文
件夹选项"对话框。

▶▶07

弹出"文件夹选项"对话框。

▶▶08

单击"查看"选项卡。

▶▶09

在"高级设置"列表框中选中"显示所有文件
和文件夹"单选按钮。

▶▶10

单击"确定"按钮。

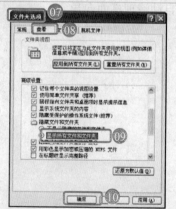

▶▶11

即可显示隐藏的文件。

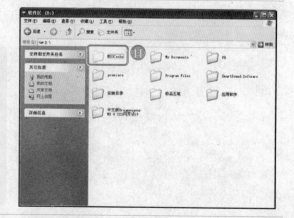

隐藏的文件重新显示后，会以半
透明状态显示在窗口中。此时文
件仍具有隐藏的属性，用户可以
在该文件图标上单击鼠标右键，
在弹出的快捷菜单中选择"属
性"选项，再在弹出的属性对话
框中重新设置其属性。

2.5　学后练手

　　本章讲解了 Windows XP 的基本操作，包括窗口操作、图标操作以及菜单的操作等方面的知识。本章学后练手是为了帮助读者更好地掌握和巩固 Windows XP 的基本知识与相应的操作，请大家结合本章所学的知识认真完成。

　　一、填空题

1. 按_____组合键，可打开"我的电脑"窗口。

2. 按_____组合键，可全选对象。

3. 默认状态下，桌面清理向导_____运行一次。

　　二、简答题

1. 简述使用键盘移动窗口的方法。

2. 桌面清理向导有什么作用。

　　三、上机题

1. 将应用程序图标添加至桌面。

2. 使用自动清理桌面向导。

第 3 章

Windows XP 个性化设置

本章学习时间安排建议：

总体时间为 3 课时，其中分配 2 课时对照书本学习
Windows XP 的个性化操作，分配 1 课时观看多媒体教程并
自行上机进行操作。

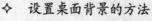

学完本章，您应能掌握以下技能：

◇ 设置桌面背景的方法
◇ 设置任务栏的方法
◇ 设置开始菜单的方法
◇ 设置系统的方法

对 Windows XP 进行个性化设置，不仅可以体现自己独特的个性，更重要的是可以使 Windows XP 更符合个人的工作习惯，以便提高工作效率。本章将详细介绍在 Windows XP 中对桌面、任务栏、开始菜单以及系统的个性化设置。

3.1 桌面设置

如果要熟练地操作 Windows XP，首先必须了解 Windows XP 的桌面及对桌面的一些基本操作。

3.1.1 认识桌面

桌面是指计算机完全启动后显示在屏幕上的画面，相当于一个工作平台。在桌面上可以完成大部分的操作，如启动程序窗口、打开资源管理器等。它由桌面图标、桌面背景、"开始"菜单、快速启动栏、任务栏和通知区域等部分构成。

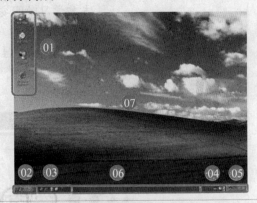

01 桌面图标   **02** "开始"按钮

03 快速启动栏   **04** 语言栏

05 通知区域   **06** 任务栏

07 桌面背景

3.1.2 用对话框设置背景

桌面背景是指显示在桌面上的画面。默认状态下，Windows XP 操作系统的桌面背景为由蓝天、白云和草地组成的画面。用户可以根据需要设置不同的桌面背景，如自己的照片和精美图片等。

用对话框设置桌面背景的具体操作步骤如下：

01
在桌面上单击鼠标右键，弹出快捷菜单，选择"属性"选项。

桌面背景也可以称为墙纸，墙纸文件可以是图像或 HTML 文件。设置桌面背景时，用户可将多种图像文件作为墙纸，如位图（*.bmp）、GIF（*.gif）和 JPG（*.jpg）。

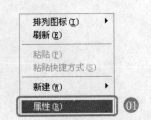

注意啦

弹出"显示 属性"对话框。

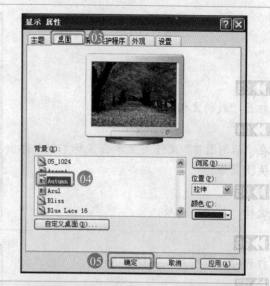

单击"桌面"选项卡。

在"背景"列表框中选择相应的图片。

单击"确定"按钮。

注意啦

在"桌面"选项卡中的"位置"
下拉列表框中，可设置桌面背
景的显示方式。

改变桌面背景后的效果如右图所示。

注意啦

在任务栏中单击"显示桌面"
按钮，或打开多个窗口后，
按【Windows 徽标键 + D】组合
键，都可以快速显示桌面，查
看桌面背景。

3.1.3 用快捷菜单设置背景

Windows XP 新增了"Windows 图片和传真查看器"功能，使用此功能可快速打开相应
的图片，进行桌面设置。下面以将"我的文档"文件夹中的图片设置为桌面背景为例，介绍
运用快捷菜单设置桌面背景的方法，具体操作步骤如下：

在"我的文档"图标上单击鼠标右键，弹出快
捷菜单。

选择"打开"选项。

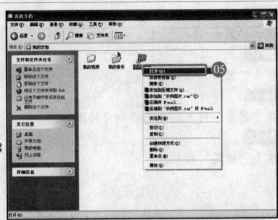

03

打开"我的文档"窗口。

04

在"示例图片"文件夹上单击鼠标右键，弹出快捷菜单。

05

选择"打开"选项。

06

打开"示例图片"窗口。

07

选择其中一张图片，单击鼠标右键，弹出快捷菜单。

08

选择"设为桌面背景"选项。

像素太高的图片会占据较多内存，所以建议用户设置桌面背景时所选图片的像素不要太高。

09

将选择的图片设置为桌面背景后的效果如右图所示。

使用快捷方式设置桌面背景，系统会以"平铺"模式显示桌面。若用户需设置桌面的显示方式，则需在"显示 属性"对话框中进行设置。

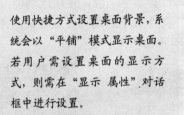

加 油 站

　　Windows XP 是可视化图形工作界面的操作系统，对计算机的操作都是从桌面开始的。进入系统后，用户可通过桌面与系统进行交互。通过桌面，用户可以有效地管理自己的计算机。与以往的 Windows 版本相比，Windows XP 桌面更加漂亮，其拥有更加富有个性的设置和更为强大的管理功能。

3.1.4　设置屏幕保护程序

屏幕保护程序是指在指定时间内没有对计算机进行任何操作时，系统自动启动的在屏幕上显示移动图片或图案的程序。设置屏幕保护程序的具体操作步骤如下：

▶▶01

在桌面上单击鼠标右键，弹出快捷菜单。

▶▶02

选择"属性"选项。

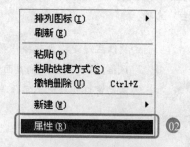

注意啦

如果用户选取一种屏幕保护程序后，在一定时间内没有对计算机进行操作，屏幕保护程序将自动运行。

▶▶03

弹出"显示 属性"对话框。

▶▶04

单击"屏幕保护程序"选项卡。

▶▶05

在"屏幕保护程序"下拉列表框中选择需要的屏幕保护程序。

▶▶06

单击"确定"按钮。

注意啦

用户可在右图所示的"等待"数值框中输入数值，修改启动屏幕保护程序的等待时间。

▶▶07

一定时间内，若未对计算机执行任何操作，系统将自动运行屏幕保护程序。

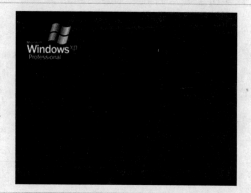

注意啦

计算机进入屏幕保护程序后，按任意键或移动鼠标，系统将自动退出屏幕保护状态。

加 - 油 - 站

　　屏幕保护程序有两个作用：一是防止屏幕长期显示同一个画面，造成显像管老化；二是屏幕保护程序能显示一些运动的图像或文字，以隐藏计算机屏幕上显示的信息。

3.1.5　更改主题

在 Windows XP 中，主题的设置更加自由、灵活。更改主题的具体操作步骤如下：

 01

在桌面上单击鼠标右键，弹出快捷菜单，选择"属性"选项。

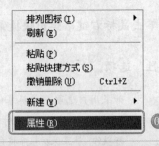

> 更改主题是指更改操作界面的风格。每一种主题的桌面背景、活动窗口的颜色、字体等各有不同。

02

弹出"显示 性"对话框。

03

在"主题"下拉列表框中选择需要的主题。

04

单击"确定"按钮。

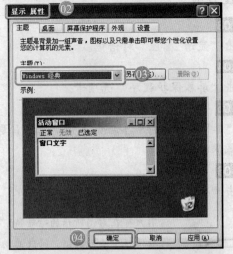

> 在"主题"下拉列表框中选取一种主题样式后，桌面背景、按钮及图标都会发生相应的变化。

 05

更改桌面主题后的效果如右图所示。

> 在 Windows XP 中，默认的主题是 Windows XP，应用"Windows 经典"主题后，整个系统的外观显示与 Windows 9X/2000 的显示状态差不多。

加 · 油 · 站

更改主题可以使 Windows XP 操作系统具有完全的个性化色彩，以满足用户的需要。

3.1.6　自定义桌面图标

在 Windows XP 系统中，桌面图标也可进行自定义设置。具体操作步骤如下：

在桌面上单击鼠标右键，弹出快捷菜单，选择"属性"选项。

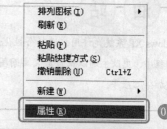

刚安装的系统，在桌面上只有"回收站"图标，其他系统图标需用户手动添加。

弹出"显示 属性"对话框。

单击"桌面"选项卡，单击"自定义桌面"按钮。

在"显示 属性"对话框的"颜色"下拉列表框中选择相应的颜色，在"背景"列表框中选择"无"选项，可将桌面背景设置为纯色背景。

弹出"桌面项目"对话框。

在·"桌面图标"选项区中选中所有复选框。

单击"确定"按钮。

在返回的"显示 属性"对话框中单击"确定"按钮。

将"我的电脑"、"网上邻居"、"我的文档"、Internet Explorer 图标添加至桌面后，效果如右图所示。

"我的电脑"、"网上邻居"、"我的文档"和 Internet Explorer 图标都是系统最常用的图标，一般情况下，应将它们放置在桌面上。

加　油　站

Windows XP 系统允许用户进行个性化设置，例如，可将用户喜欢的图片作为计算机的桌面背景、更改屏幕保护程序、更改主题以及自定义桌面图标等，这些设置可以让用户创建一个完全属于自己的操作环境，使操作更加得心应手。

3.2　任务栏设置

在 Windows XP 操作系统中，可以根据需要对任务栏进行相应设置，如调整任务栏大小和位置、使用任务栏按钮组以及自动隐藏任务栏等。

3.2.1　调整任务栏大小

默认情况下，任务栏是位于桌面底部的蓝色长条，用户可根据需要调整其大小。具体操作步骤如下：

▶▶ 01
移动鼠标指针至任务栏的上边缘，此时鼠标呈双向箭头形状。

▶▶ 02
按住鼠标左键并向上或向下拖动鼠标，即可调整任务栏的大小。

3.2.2　调整任务栏位置

如果任务栏位于桌面的底部不便于对程序、文件夹进行操作，可以调整任务栏的位置。具体操作步骤如下：

▶▶ 01
在任务栏的空白位置按住鼠标左键并向桌面的左侧、右侧或上方拖动鼠标。

▶▶ 02
将任务栏移至相应的位置后释放鼠标即可。

任务栏放置在桌面左侧或右侧时看起来会比放在桌面上方或下方时更具立体感。

3.2.3　自动隐藏任务栏

默认状态下，任务栏始终处于显示状态，用户也可根据需要，将任务栏隐藏。具体操作步骤如下：

在任务栏的空白位置单击鼠标右键。

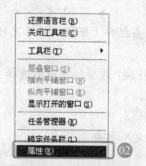

弹出快捷菜单，选择"属性"选项。

> 如果用户需要扩大桌面显示范围，可以将任务栏隐藏起来。

弹出"任务栏和「开始」菜单属性"对话框。

在"任务栏外观"选项区中选中"自动隐藏任务栏"复选框，单击"确定"按钮。

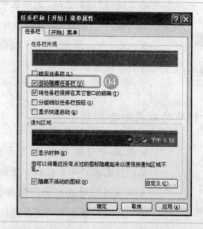

> 在右图所示的"任务栏外观"选项区中，用户还可以对任务栏进行其他设置，如设置是否显示快速启动工具栏等属性。

鼠标指针离开任务栏后，任务栏将自动隐藏。

> 设置自动隐藏任务栏后，如果没有对任务栏进行操作，它将自动消失。需要使用时，只需将鼠标指针移至任务栏位置上，它将自动弹出。

3.2.4　隐藏时钟

当不需要显示时钟时，可将其隐藏。隐藏时钟的具体操作步骤如下：

在任务栏的空白位置单击鼠标右键。

弹出快捷菜单，选择"属性"选项。

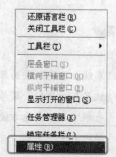

> 默认状态下，在任务栏右侧的通知区域会显示时钟，用户可通过在"任务栏和「开始」菜单属性"对话框中的设置将其隐藏。

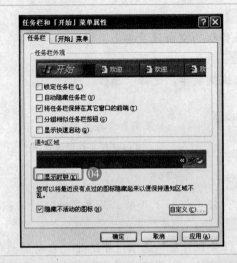

▶▶03

弹出"任务栏和「开始」菜单属性"对话框。

▶▶04

在"通知区域"选项区中取消选择"显示时钟"复选框。

▶▶05

单击"确定"按钮。

注意啦

在右图的"通知区域"选项区中，取消选择"隐藏不活动的图标"复选框，然后单击"确定"按钮，可将系统图标显示出来。

▶▶06

隐藏时钟后的效果如右图所示。

注意啦

如果需将隐藏的时钟显示出来，只需在"任务栏和「开始」菜单属性"对话框的"通知区域"选项区中选中"显示时钟"复选框即可。

3.3 "开始"菜单设置

"开始"菜单是用户最常用的工具之一，它集中了操作系统中大部分应用程序的快捷方式。用户可以通过"开始"菜单进行系统设置。本节将介绍"开始"菜单的设置，如自定义开始菜单和更改"开始"菜单样式等。

3.3.1 打开"开始"菜单

通过"开始"菜单可以在 Windows XP 中完成某项任务或运行相应的应用程序，打开"开始"菜单的具体操作步骤如下：

▶▶01

单击任务栏中的"开始"按钮。

▶▶02

弹出"开始"菜单。

注意啦

系统会将使用最为频繁的程序放置在"开始"菜单的左侧列表框中，极大地方便了用户启动应用程序。

"开始"菜单是Windows XP系统中使用最频繁的工具之一，几乎所有在Windows XP中安装和注册的应用程序以及系统设置程序，都可在其中找到相应的快捷方式。在"开始"菜单中包括程序、文档、设置、搜索、帮助、系统支持、运行、注销用户和关闭计算机等多个菜单命令，用于启动在Windows XP中安装和注册的应用程序及系统设置程序。

3.3.2　设置"开始"菜单显示模式

　　默认状态下，"开始"菜单中的快捷方式是以大图标显示的，用户可根据需要将图标设置为小图标显示方式，具体操作步骤如下：

▶▶01
在"开始"按钮上单击鼠标右键。

▶▶02
弹出快捷菜单。

▶▶03
选择"属性"选项。

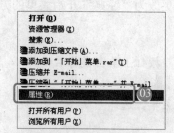

▶▶04
弹出"任务栏和「开始」菜单属性"对话框。

▶▶05
在"「开始」菜单"选项卡中单击"自定义"按钮。

在任务栏空白处单击鼠标右键，弹出快捷菜单，选择"属性"选项，也会弹出"任务栏和「开始」菜单属性"对话框。

▶▶06
弹出"自定义「开始」菜单"对话框，在"为程序选择一个图标大小"选项区中，选中"小图标"单选按钮。

▶▶07
依次单击"确定"按钮。

在"自定义「开始」菜单"对话框的"程序"选项区中，还可设置在"开始"菜单中显示频繁使用的程序数目。

▶▶ 08

设置"开始"菜单为"小图标"显示模式后，
效果如右图所示。

3.3.3　更改"开始"菜单样式

在 Windows XP 中，提供了"默认"和"经典"两种"开始"菜单外观。下面介绍将"开始"菜单更改为"经典"开始菜单的方法，具体操作步骤如下：

▶▶ 01

在"开始"按钮上单击鼠标右键。

▶▶ 02

弹出快捷菜单，选择"属性"选项。

▶▶ 03

弹出"任务栏和「开始」菜单属性"对话框。

▶▶ 04

在"「开始」菜单"选项卡中选中"经典「开始」菜单"单选按钮。

▶▶ 05

单击"确定"按钮。

注意啦

在右图的"任务栏和「开始」菜单属性"对话框中，选中"经典「开始」菜单"单选按钮，再单击右侧的"自定义"按钮，可自定义"经典「开始」菜单"。

▶▶ 06

将"开始"菜单更换为"经典「开始」菜单"样式后的效果如右图所示。

注意啦

"经典「开始」菜单"是 Windows XP 之前操作系统所采用的样式，经常使用 Windows 2000 操作系统的用户，应该很熟悉这种样式。

3.4　系统设置

在 Windows XP 系统中，不仅可以对桌面和任务栏进行管理和设置，同时还可以对系统时间、音量以及硬件设备进行设置，下面分别进行介绍。

3.4.1　设置时间和日期

在 Windows XP 系统中，用户可以方便地修改系统日期和时间，具体操作步骤如下：

▶▶ 01
在通知区域中双击时钟显示区域。

▶▶ 02
弹出"日期和时间 属性"对话框。

▶▶ 03
设置月份、年份、日期和时间。

▶▶ 04
单击"确定"按钮，即完成系统时间和日期的设置。

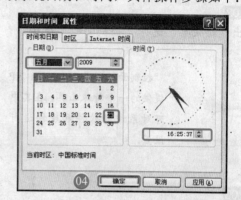

如果系统时间不准确，可以在"日期和时间 属性"对话框中单击"Internet 时间"选项卡，选中"自动与 Internet 时间服务器同步"复选框，然后单击"立即更新"按钮，即可将时间与网络上的时间相吻合，不过这需要在有网络连接的前提下操作。

3.4.2　调整系统音量

如果在听音乐或看电影时，感觉音量不合适，可以对系统音量进行适当的调整，具体操作步骤如下：

▶▶ 01
在任务栏中的通知区域单击"音量"图标 。

▶▶ 02
弹出音量控制器。

▶▶ 03
拖曳滑块，即可调整音量大小。

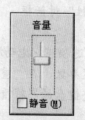

在任务栏通知区域中双击"音量"图标，将弹出"音量控制"窗口，在其中可更加准确地调整音量及其他效果。

3.4.3　设置键盘

　　键盘是常用的输入设备，使用前可对其进行设置，从而达到需要的按键效果。设置键盘的具体操作步骤如下：

单击"开始"按钮。

弹出开始菜单，选择"控制面板"选项。

　　"控制面板"是 Windows XP 提供的一个特殊工具，在其中可对系统的软件和硬件进行设置。

注意啦

打开"控制面板"窗口，双击"键盘"图标。

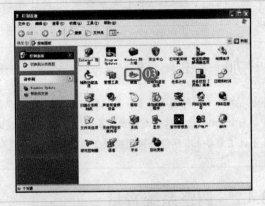

　　键盘作为主要的输入设备，对其进行设置将直接影响输入速度，用户需精确的调整其参数，才能得到需要的效果。

注意啦

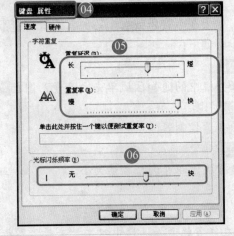

弹出"键盘 属性"对话框。

在"重复延迟"选项下，拖动滑块以调整键盘字符重复的延迟参数，在"重复率"选项下，拖动滑块以调整键盘的字符重复率。

在"光标闪烁频率"选项区中，拖动滑块以调整光标的闪烁频率，单击"确定"按钮即可。

3.4.4　设置鼠标

　　鼠标是计算机中非常重要的工具。连接鼠标后，无需对其进行调整或软件设置，即可进行工作。用户可以使用"控制面板"窗口中的"鼠标"选项来更改鼠标的某些设置。

01

单击"开始"按钮。

02

弹出"开始"菜单，选择"控制面板"选项。

注意啦

用户可对鼠标进行多方面的设置，如鼠标键设置、双击的速度、改变鼠标指针的样式和鼠标指针移动的速度等。

03

弹出"控制面板"窗口，双击"鼠标"图标。

注意啦

随着 Microsoft 的 Windows 操作系统和大量图形化界面的逐渐更新，外观灵巧、操作灵活的鼠标越来越受到用户的青睐，渐渐成为与键盘并列的两大输入设备。

04

弹出"鼠标 属性"对话框。

05

在"双击速度"选项区中移动"速度"滑块，调整双击速度。

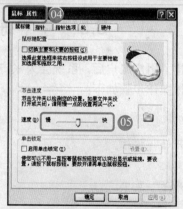

注意啦

"双击速度"是指在打开某个文件或文件夹时，双击鼠标所需的速度。

06

单击"指针"选项卡。

07

在"方案"下拉列表框中选择需要的指针方案。

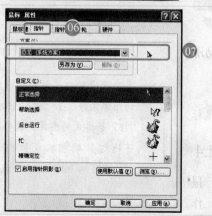

注意啦

在"方案"下拉列表框中，系统提供了 20 种鼠标指针，用户可以根据需要进行选择，在"自定义"列表框中可定义在不同状态下采用的指针样式。

▶▶ 08

单击"指针选项"选项卡。

▶▶ 09

在"移动"选项区中移动滑块，可调整指针的移动速度。

▶▶ 10

单击"确定"按钮，关闭"鼠标 属性"对话框。

注意啦

用户还可以在"轮"及"硬件"选项卡中对鼠标的不同参数进行设置。

加 — 油 — 站

在安装 Windows XP 时，系统会自动对鼠标和键盘进行设置。由于用户的个人习惯、性格和喜好各有差异，因此系统默认的鼠标和键盘设置不一定适合每个人。用户可以根据个人爱好、习惯和工作需要，合理设置鼠标和键盘的使用方式，这样可方便对计算机的使用和管理。

3.5 学中练兵——更改用户头像

创建了用户账户后，系统会为账户自动创建一个头像，用户可以根据需要，更换头像效果，具体操作步骤如下：

▶▶ 01

单击"开始"按钮。

▶▶ 02

弹出"开始"菜单。

▶▶ 03

选择"控制面板"选项。

注意啦

用户头像可以是计算机内保存的图像文件，如 JPG、BMP、TIFF 等格式的图片。这些图片可通过数码相机或扫描仪获得，也可从 Internet 中下载。

▶▶ 04

打开"控制面板"窗口。

▶▶ 05

双击"用户账户"图标 。

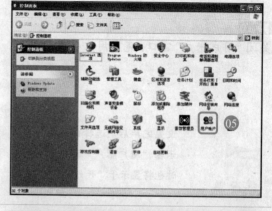

用户的个人资料、密码等个人信息，都可在用户账户中进行设置。

注意啦

▶▶ 06

打开"用户账户"窗口。

▶▶ 07

单击"计算机管理员"图标。

如果已创建了多个用户，在右图所示的窗口中，也可对其他用户进行设置。

注意啦

▶▶ 08

在打开的窗口中单击"更改我的图片"超链接。

在右图所示的窗口中，还可对账户创建密码、更改账户类型以及更改账户名称等。

注意啦

▶▶ 09

在打开的窗口中选择一张满意的图片，单击"更改图片"按钮。

在右图所示的窗口中，单击"浏览图片"超链接，在弹出的"打开"对话框中可以选择计算机硬盘中保存的图片作为账户的头像。

注意啦

10

关闭"用户账户"窗口，完成用户头像的更换。

设置完毕后，选择的图片将显示在"用户账户"窗口中，同时也将显示于"开始"菜单中。

3.6　学后练手

本章讲解了 Windows XP 的个性化设置，包括桌面设置、任务栏设置、"开始"菜单设置和系统设置等。本章学后练手是为了帮助读者更好地掌握和巩固 Windows XP 个性化设置的方法，请大家结合本章所学知识认真完成。

一、填空题

1．打开多个窗口后，按_____组合键，可以快速显示桌面。

2．_____是指在指定时间内没有对计算机进行任何操作时，系统自动启动的在屏幕上显示移动图片或图案的程序。

3．按_____组合键，会弹出"开始"菜单。

二、简答题

1．简述如何更改桌面背景。

2．如何将默认的"开始"菜单设置为经典"开始"菜单样式？

三、上机题

1．练习设置屏幕保护程序。

2．设置具有个性化的鼠标指针。

第 **4** 章

Windows XP 文件管理

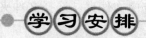

本章学习时间安排建议：

　　总体时间为 3 课时，其中分配 2 课时对照书本学习 Windows XP 的文件管理知识与操作，分配 1 课时观看多媒体教程并自行上机进行操作。

学完本章，您应能掌握以下技能：

◇　文件夹的基本操作
◇　管理文件的方法
◇　清空回收站和还原文件
◇　资源管理器的使用

在计算机系统中，信息都是以文件的形式存放在硬盘中的。在 Windows XP 系统中，用户可以通过"我的电脑"或"资源管理器"来管理文件资源。本章将介绍在 Windows XP 中管理文件的方法。

4.1　文件夹的基本操作

文件夹是计算机中存储信息的重要体系，用于存放计算机中的文件。通过文件夹可对计算机中的文档等进行显示、组织和管理等操作。

4.1.1　选择文件夹

要对文件夹进行操作，需先选中文件夹。选择文件夹时可单个选择，也可同时选择多个。

1. 选择单个文件夹

选择单个文件夹的操作方法很简单，下面以选择"示例图片"文件夹为例，向读者介绍选择单个文件夹的方法，具体操作步骤如下：

在桌面上双击"我的文档"图标。

打开"我的文档"窗口。

> 文件夹可以看作是一个公文包，其中可以存放文件、文件夹和其他程序等。

移动鼠标指针至"示例图片"文件夹上。

单击鼠标左键，即可选中"示例图片"文件夹。

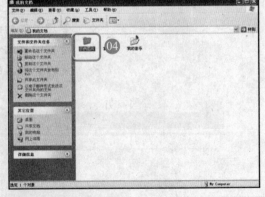

> 在右图所示的窗口中，单击"编辑"|"反向选择"命令，可选择另外两个文件夹。

加 油 站

为了便于管理零散的文件，用户可创建相应文件夹，将不同类型或不同用途的文件进行归类并存储在相关文件夹中，使得用户对文件的管理和组织更加方便。

2. 选择多个文件

当用户需要对大批文件或文件夹进行操作时，可以同时选择多个文件或文件夹。下面以在
"示例图片"窗口中选择所有文件为例，介绍选择多个文件的方法，具体操作步骤如下：

打开"示例图片"窗口。

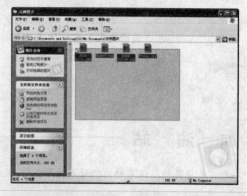

在窗口中的空白位置按住鼠标左键并拖动鼠
标，此时窗口中将显示蓝色选取框。

注意啦　　　按【Ctrl + A】组合键，也可将右
图所示窗口中的文件全部选择。

被蓝色选取框接触到的文件，即可被选择。

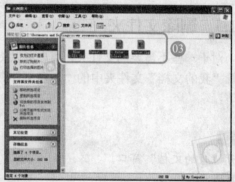

注意啦　　　若用户需要取消所选择的文件
或文件夹，只需在选择区域之外
单击鼠标左键即可。选定一个或
多个文件后，在该窗口的状态栏
将显示选择的文件数量。

加 油 站

选择文件或文件夹时，按住【Ctrl】键的同时，再选择其他文件或文件夹，可以选择多个文件或文件
夹；按住【Shift】键的同时，可以选择多个连续排列的文件或文件夹。

4.1.2 新建文件夹

除了 Windows XP 自带的文件夹外，用户还可以手动新建文件夹。下面以在"我的文档"
窗口中新建文件夹为例，介绍新建文件夹的方法，具体操作步骤如下：

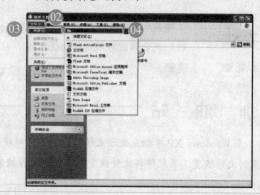

打开"我的文档"窗口。

单击"文件"命令。

在弹出的菜单中单击"新建"命令。

再在弹出的菜单中单击"文件夹"命令。

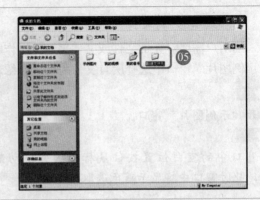

05

创建的新文件夹如右图所示。

在"我的文档"窗口的左侧窗格中单击"创建一个新文件夹"超链接，也可创建一个新文件夹。

注意啦

加 — 油 — 站

新建文件夹的默认名称为"新建文件夹"，且处于可更改状态，用户可根据需要更改其名称。

4.1.3　删除文件夹

对于一些不需要的文件夹，用户可以将其删除以便于文件管理和节省硬盘空间。下面以删除"我的文档"文件夹中的"新建文件夹"为例，介绍删除文件夹的方法，具体操作步骤如下：

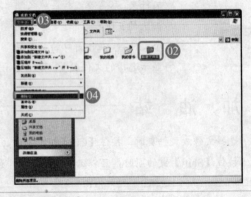

01

打开"我的文档"窗口。

02

选择"新建文件夹"文件夹。

03

单击"文件"命令。

04

在弹出的菜单中单击"删除"命令。

05

弹出"确认文件夹删除"提示信息框。

06

单击"是"按钮，即可删除所选文件夹。

选择要删除的文件后，按【Delete】键，也会弹出右图所示的提示信息框。

注意啦

加 — 油 — 站

在 Windows XP 中彻底删除文件后，只要没对硬盘进行过写操作，即不向硬盘添加文件，亦可通过专用的文件恢复工具软件将文件恢复。常用的文件恢复工具软件有 EasyRecovery 和 FinalData。

4.2　管理文件

在 Windows XP 中，对文件进行管理很重要，合理的文件管理可使得工作有条不紊地进行。本节将学习 Windows XP 操作系统中文件管理的基础知识。

4.2.1　启动 Windows 资源管理器

Windows 资源管理器是 Windows 系统中非常重要的文件管理工具，能显示文件夹列表，帮助用户在内部网络、本地磁盘以及 Internet 上查找所需的资源。启动 Windows 资源管理器的具体操作步骤如下：

01

单击"开始"按钮。

02

选择"所有程序"选项。

03

选择"附件"选项。

04

选择"Windows 资源管理器"选项。

 在桌面上的"我的电脑"图标上单击鼠标右键，在弹出的快捷菜单中选择"资源管理器"选项，也可启动 Windows 资源管理器。

05

启动的 Windows 资源管理器，如右图所示。

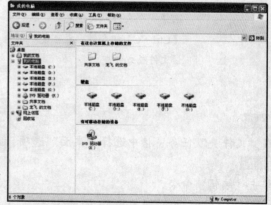

 Windows 资源管理器在外观上与"我的电脑"窗口差不多，它们都可用来管理计算机中的文件。

加　油　站

在 Windows XP 系统中，对资源进行管理的工具主要有"Windows 资源管理器"、"我的电脑"、"网上邻居"和"回收站"。通过这些管理工具，用户可以方便地管理存储在计算机上的各种资源。

4.2.2　复制粘贴文件

复制与粘贴文件是指将文件从原来的位置复制一份相同到目标位置。复制文件操作在实际应用中经常用到，下面以复制"示例图片"文件夹到桌面为例，介绍复制粘贴文件的方法，具体操作步骤如下：

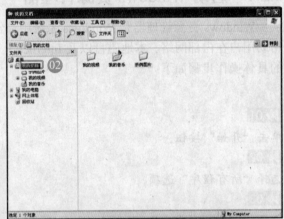

打开资源管理器。

02
在"文件夹"任务窗格中选中"我的文档"选项。

选择相应文件后，按住鼠标左键并拖动鼠标至另一个磁盘窗口，也可对该文件进行复制。

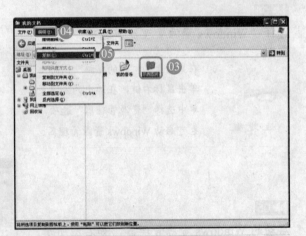

选择"示例图片"文件夹。

04
单击"编辑"命令。

05
单击"复制"命令。

选择一个文件或文件夹后，按【Ctrl + C】组合键，也可复制该文件或文件夹。

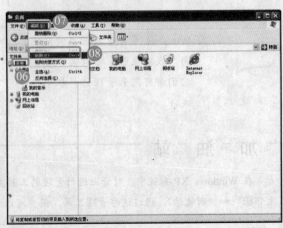

06
在"文件夹"任务窗格中选择"桌面"选项。

07
单击"编辑"命令。

08
单击"粘贴"命令。

在右图所示的窗口中，选择"桌面"选项后，按【Ctrl + V】组合键，也可粘贴文件或文件夹。

09

将"示例图片"文件夹粘贴到桌面上后，效果如右图所示。

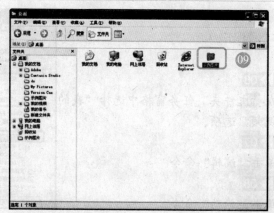

在同一目录下进行粘贴操作时，如果所粘贴的目标文件夹含有与源文件名称相同的文件，会在粘贴对象的名称前显示"复件"两字。

注意啦

加·油·站

在"我的文档"窗口外选择需要复制的文件或文件夹后，单击鼠标右键，在弹出的快捷菜单中选择"发送到"|"我的文档"选项，可将所选文件或文件夹复制到"我的文档"窗口中。

4.2.3　移动文件夹

移动文件夹是指将文件夹从原始磁盘目录下转移至其他磁盘目录下。下面以将"我的音乐"文件夹移至"我的视频"文件夹中为例，介绍移动文件夹的方法，具体操作步骤如下：

01

启动 Windows 资源管理器。

02

在"文件夹"任务窗格中选择"我的文档"选项。

在 Windows 资源管理器中，直接将文件夹拖曳至相同盘符下的目标文件夹中，也可移动该文件夹。

注意啦

03

选择"我的音乐"文件夹。

04

单击"编辑"命令。

05

单击"剪切"命令。

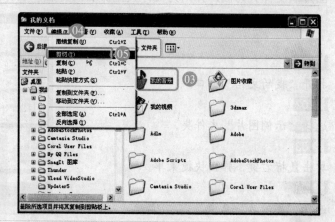

选择相应文件后，按【Ctrl+X】组合键，也可执行剪切操作，被剪切的文件将呈半透明显示。

注意啦

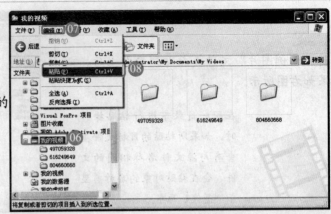

▶▶ 06

在"文件夹"任务窗格中选择"我的视频"选项。

▶▶ 07

单击"编辑"命令。

▶▶ 08

单击"粘贴"命令。

▶▶ 09

将"我的音乐"文件夹移动至"我的视频"文件夹内，如右图所示。

注意啦

在右图所示的窗口中，粘贴文件夹的同时，原文件夹中的文件将从原来位置消失。

加 油 站

　　移动文件与复制粘贴文件的不同之处在于：复制粘贴文件之后，两个文件夹中都存在该文件，而移动文件之后，原文件夹中的文件将不存在。

4.2.4　重命名文件夹

　　在 Windows XP 中，为了方便用户管理文件夹，可为文件夹进行重命名。下面以"示例图片"文件夹为例，介绍为文件夹重命名的方法，具体操作步骤如下：

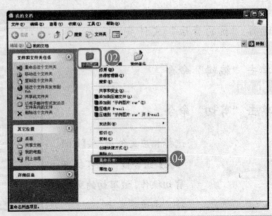

▶▶ 01

打开"我的文档"窗口。

▶▶ 02

选择"示例图片"文件夹。

▶▶ 03

单击鼠标右键，弹出快捷菜单。

▶▶ 04

选择"重命名"选项。

 05

输入新名称"我的图片"。

 06

在窗口空白位置单击鼠标左键，确认更改。

 注意啦　选择相应文件夹后，在该文件夹的名称上单击鼠标左键，也可以对文件夹进行重命名操作。

4.2.5　设置文件显示方式

在计算机中，存在着多种不同类型的文件，如图片、声音和文档等，为文件选择一种能突出其特点的显示方式，可以帮助用户查找和使用相应的文件。

1. 缩略图显示

当用户选择"缩略图"显示方式时，当前文件中的图片将显示成一个小图片，更加便于用户查找。将文件显示为缩略图的具体操作步骤如下：

01

打开存放图片的文件夹。

02

在窗口空白位置单击鼠标右键，弹出快捷菜单。

03

选择"查看"选项。

04

选择"缩略图"选项。

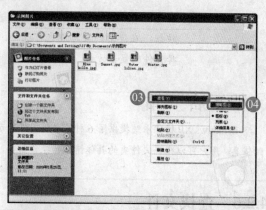

05

将文件以缩略图方式显示后的效果如右图所示。

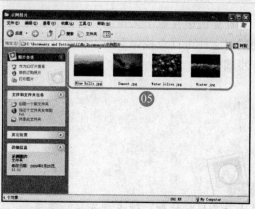

注意啦　当包含图像文件的文件夹以"缩略图"方式显示时，默认情况下，文件夹图标上将显示文件夹中的四个图像，默认显示的图像是最后修改的四个图像。

2. 详细信息显示

使用"详细信息"方式显示文件，可以查看和比较文件的详细信息，如大小、类型和修改日期等。

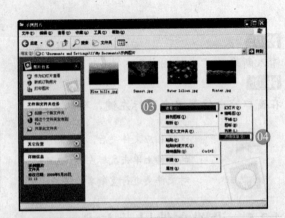

01

打开一个文件夹。

02

在空白位置单击鼠标右键，弹出快捷菜单。

03

选择"查看"选项。

04

选择"详细信息"选项。

05

将文件以"详细信息"方式显示的效果如右图
所示。

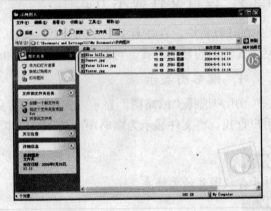

注意啦

在窗口的工具栏中单击"查看"
按钮，在弹出的菜单中也可选
择文件的显示方式。

加　油　站

　　Windows XP 操作系统提供了 6 种基本的文件显示方式，包括幻灯片、缩略图、平铺、图标、列表和详
细信息，用户可以根据文件夹的具体情况和操作需要，选择不同的方式显示文件。

4.2.6　查找文件

　　计算机中存放了大量的文件后，如果查找文件有困难，可以使用 Windows XP 中的搜索
功能对文件进行查找。下面以搜索"示例图片"文件夹为例，介绍查找文件的方法，具体操
作步骤如下：

01

单击"开始"按钮，弹出"开始"菜单。

02

选择"搜索"选项。

打开 "搜索结果" 窗口。

04

在任务窗格中单击 "所有文件和文件夹" 超
链接。

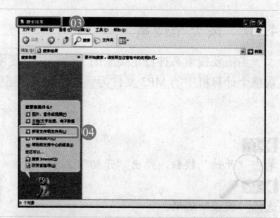

注意啦　　在 "我的电脑" 窗口中按【Ctrl
＋F】组合键，也可搜索文件。

05

在 "全部或部分文件名" 文本框中输入文件名
或关键字。

06

单击 "搜索" 按钮。

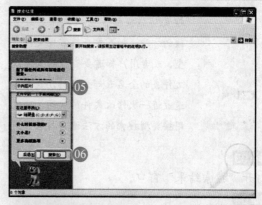

注意啦　　在右图所示窗口的任务窗格
中，可在 "在这里寻找" 下拉
列表框中设置搜索的区域，如
C盘。

系统开始自动搜索文件。

注意啦　　在搜索出的文件或文件夹图标
上单击鼠标右键，弹出快捷菜
单，选择 "打开所在的文件夹"
选项，可打开其所在的文件夹。

完成搜索后，符合搜索要求的文件将显示在右
侧的窗格中。

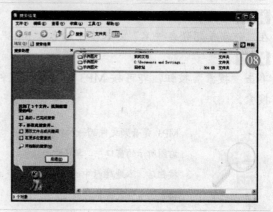

注意啦　　在搜索文件时，并不需要用户完
整地输入文件名，只需输入其中
的关键字，即可搜索出与其相关
的文件。

4.2.7 按类型搜索

当需要搜索某种特定类型的文件时，可使用按类型搜索文件的方式进行搜索。下面以搜索整个计算机中的 MP3 文件为例，介绍按类型搜索文件的方法，具体操作步骤如下：

01
单击"开始"按钮，弹出"开始"菜单。

02
选择"搜索"选项。

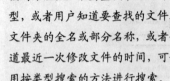
搜索功能提供了查找文件的最直接的方法。如果要查找常规文件类型，或者用户知道要查找的文件或文件夹的全名或部分名称，或者知道最近一次修改文件的时间，可使用按类型搜索的方法进行搜索。

03
打开"搜索结果"窗口。

04
单击"图片、音乐或视频"超链接。

如果只知道文件的部分名称，则可以使用通配符来查找包含该部分名称的所有文件或文件夹。例如，输入 *letter* 可能会找到 letter.doc、Special letter.doc 和 Special letter.txt。

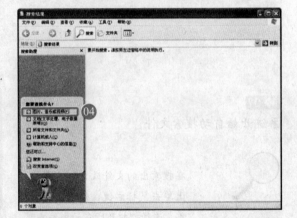

05
选中"音乐"复选框。

06
在"全部或部分文件名"文本框中输入".mp3"。

07
单击"搜索"按钮，即可按 MP3 类型进行文件搜索。

MP3 是音频文件的一种格式，在右图所示的窗口中，单击"搜索"按钮后，本地磁盘中的所有 MP3 格式的音频文件都将被搜索出来。

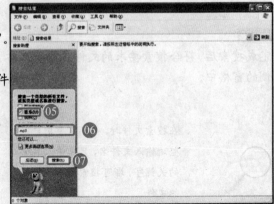

08

单击"是的，已完成搜索"超链接，即可完成
MP3 文件类型的搜索。

注意啦

> 在搜索出符合条件的所有文件
> 后，用户还可以修改搜索条件，
> 在结果中进一步查找自己所需
> 要的文件。

加　油　站

　　在 Windows XP 中，除了可以对本地磁盘进行搜索外，还可以对局域网中的计算机进行搜索，方法
是：单击"开始"按钮，弹出"开始"菜单，选择"搜索"选项，然后在"搜索结果"窗口中单击"计
算机或人"超链接，输入相应计算机名后，单击"搜索"按钮即可。

4.3　使用回收站

　　回收站是 Windows 用来暂时存储被删除文件的场所，可以使用回收站恢复误删除的文
件和文件夹，也可以清空回收站以释放更多的磁盘空间。

4.3.1　清空回收站

　　当确认回收站中的文件已不再需要时，可清空回收站。清空回收站的具体操作步骤如下：

01

打开"回收站"窗口。

02

在"回收站"窗口的任务窗格中，单击"清空
回收站"超链接。

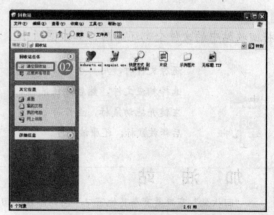

注意啦

> "回收站"是一个特殊的文件
> 夹，它将所有删除的文件或文
> 件夹收集在一起，以使用户需
> 要时恢复。

03

弹出"确认删除多个文件"提示信息框。

04

单击"是"按钮即可。

05

清空回收站后的效果如右图所示。

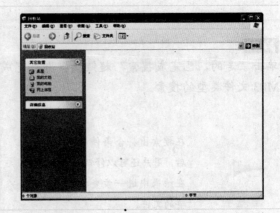

用户在清空回收站之前，一定
要确认回收站中的文件都是没
有用的文件，清空回收站之后，
文件不能再恢复。

注意啦

4.3.2　还原文件

如果用户误删除了某些文件，可以到回收站中将其还原，具体操作步骤如下：

 01

打开"回收站"窗口。

 02

单击"还原所有项目"超链接。

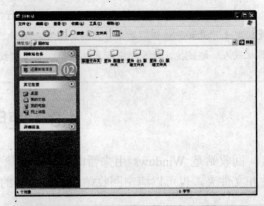

如果用户需还原单个文件，只
需在右图所示的窗口中需还原
的单个文件上单击鼠标右键，
在弹出的快捷菜单中选择"还
原"选项即可。

注意啦

 03

将回收站中的文件全部还原后，如右图所示。

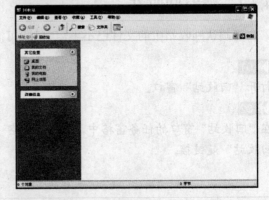

还原文件时，用户也可以直接
选择相应文件，然后按住鼠标
左键并拖动鼠标，至目标位置
后释放鼠标，还原该文件。

注意啦

加　油　站

"回收站"窗口具有与其他窗口不同的属性，回收站中的文件虽然在磁盘中存在，但这些文件不能
直接打开。

4.3.3　设置回收站大小

Windows 为每个分区或硬盘分配一个回收站，如果硬盘已经分区，则可以为每个回收站

指定不同的大小。设置回收站大小的具体步骤如下：

▶▶ 01

在桌面的"回收站"图标上单击鼠标右键，弹出快捷菜单。

▶▶ 02

选择"属性"选项。

回收站也是硬盘中的文件夹，它也需占用空间，建议用户不要将回收站的容量设置得过大。

▶▶ 03

弹出"回收站属性"对话框。

▶▶ 04

拖动滑块，调整回收站的大小。

▶▶ 05

单击"确定"按钮即可。

在右图所示的对话框中，选中"独立配置驱动器"单选按钮后，用户可以对不同驱动器设置回收站的大小。

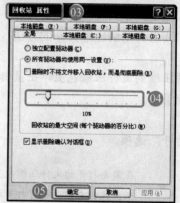

4.4　压缩/解压缩文件

Windows XP 新增了文件压缩/解压缩功能，用于压缩与解压缩文件。本节介绍压缩和解压缩文件的基础知识。

4.4.1　压缩文件

使用压缩功能，可以将较大的文件压缩，下面以压缩"示例图片"文件夹为例，介绍压缩文件的方法，具体操作步骤如下：

▶▶ 01

在桌面的"我的文档"图标上单击鼠标右键，弹出快捷菜单。

▶▶ 02

选择"打开"选项，打开"我的文档"窗口。

▶▶ 03

在"示例图片"文件夹上单击鼠标右键，弹出快捷菜单。

▶▶ 04

选择"发送到"选项，选择"压缩（zipped）文件夹"选项即可。

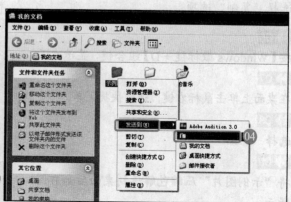

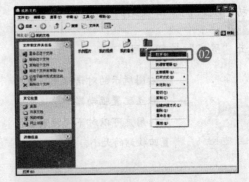

▶▶ 05

将"示例图片"文件夹压缩后，如右图所示。

4.4.2　解压缩文件

解压缩文件是压缩文件的逆操作。下面以将创建的"示例图片.zip"压缩包解压到桌面为例，向读者介绍解压缩文件的方法，具体操作步骤如下：

▶▶ 01

在需要解压缩的文件压缩包上单击鼠标右键，弹出快捷菜单。

▶▶ 02

选择"打开"选项。

在需要打开的文件压缩包上，双击鼠标左键，也可打开相应压缩包。

▶▶ 03

打开"示例图片.zip"窗口。

▶▶ 04

在"示例图片"文件夹上单击鼠标右键，弹出快捷菜单。

▶▶ 05

选择"复制"选项。

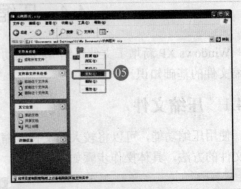

▶▶ 06

按【Windows 徽标键 + D】组合键，显示桌面。

▶▶ 07

在桌面上单击鼠标右键，弹出快捷菜单。

▶▶ 08

选择"粘贴"选项。

▶▶ 09

将"示例图片"压缩包解压到桌面后如右图所示。

Windows XP 自带的压缩和解压缩软件压缩的功能并不十分出色，用户可通过网络下载其他压缩/解压缩软件，如 WinRAR，它是目前使用极广泛的压缩/解压缩工具之一，并且支持大部分压缩文件格式。

4.5　学中练兵——隐藏文件

对于一些比较重要的文件，用户可将其隐藏起来。下面以隐藏"示例图片"文件夹为例，介绍隐藏文件的方法，具体操作步骤如下：

01

选择"示例图片"文件夹。

02

单击鼠标右键，弹出快捷菜单。

03

选择"属性"选项。

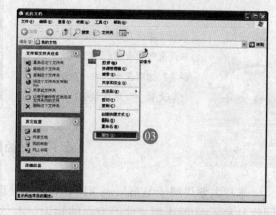

注意啦　隐藏的文件虽然没有显示，但其仍然占用硬盘空间。

04

弹出"示例图片 属性"对话框。

05

在"属性"选项区中选中"隐藏"复选框。

06

单击"确定"按钮。

注意啦　在右图所示的对话框中，还显示了相应文件夹的类型、位置和大小等基本信息。

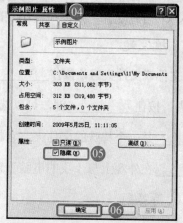

07

弹出"确认属性更改"对话框。

08

依次单击"确定"按钮即可。

注意啦　若用户只需隐藏当前文件夹，而不隐藏其子文件夹，可在右图所示的对话框中选中"仅将更改应用于该文件夹"单选按钮。

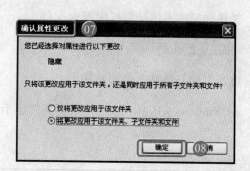

加 油 站

隐藏文件可以防止重要文件意外受到破坏，对文件起到一定的保护作用，但并不能绝对保证所隐藏的文件是安全的，因为 Windows XP 允许其他用户修改其属性。

▶ 09

将"示例图片"文件夹隐藏后，效果如右图所示。

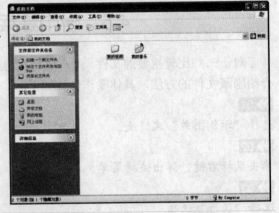

注意啦

若用户需查看已隐藏的文件夹，需在其所在的窗口中单击"工具"|"文件夹选项"命令，在弹出的对话框中单击"查看"选项卡，在"高级设置"列表框的"隐藏文件或文件夹"选项区中选中"显示所有文件和文件夹"单选按钮。

4.6　学后练手

本章主要讲解了 Windows XP 中的文件管理，包括文件夹的基本操作、管理文件、使用回收站和压缩/解压缩文件等方面的知识。本章学后练手是为了帮助读者更好地掌握和巩固 Windows XP 管理文件的知识与操作，请大家结合本章所学知识认真完成。

一、填空题

1. 选择文件或文件夹时，按住_____键，再选择其他文件或文件夹，可以选择多个文件或文件夹；按住_____键，可以选择多个连续排列的文件或文件夹。

2. _____是一个特殊的文件夹，它将所有删除的文件收集在一起，以便需要时恢复。

3. _____在外观上与"我的电脑"窗口差不多，它们都可用来管理计算机中的文件。

二、简答题

1. 简述新建文件夹的方法。

2. 简述如何在本地计算机中搜索文件。

三、上机题

1. 练习复制与粘贴文件的操作。

2. 在 Windows XP 中，练习使用不同的显示方式显示文件。

第 5 章

Windows XP 文字输入

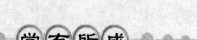

本章学习时间安排建议:

总体时间为 3 课时,其中分配 2 课时对照书本学习
Windows XP 的文字输入功能与各项操作,分配 1 课时观看
多媒体教程并自行上机进行操作。

学完本章,您应能掌握以下技能:

◇ 定制输入法
◇ 输入文字
◇ 输入特殊字符

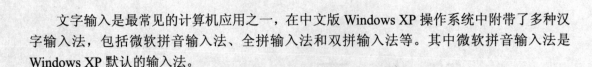

文字输入是最常见的计算机应用之一，在中文版 Windows XP 操作系统中附带了多种汉字输入法，包括微软拼音输入法、全拼输入法和双拼输入法等。其中微软拼音输入法是 Windows XP 默认的输入法。

5.1 定制输入法

输入法就是一种根据一定的编码规则使用键盘来输入文字的方法。输入法有很多种类，用户可根据自己的实际情况选择不同的输入法，从而提高文字录入速度。

5.1.1 添加输入法

Windows XP 默认的输入法是微软拼音输入法，如果用户习惯使用其他输入法，可以根据需要，在汉字输入法列表中添加其他输入法。下面以添加极品五笔输入法为例，向读者介绍添加输入法的方法，具体操作步骤如下：

▶▶01

在任务栏中输入法按钮上单击鼠标右键，弹出快捷菜单。

▶▶02

选择"设置"选项。

▶▶03

弹出"文字服务和输入语言"对话框。

▶▶04

单击"添加"按钮。

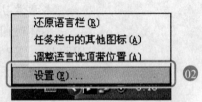

在 Windows XP 系统中常用的中文输入法包括微软拼音输入法、紫光拼音输入法、智能 ABC 输入法和极品五笔输入法等，用户可以根据需要或习惯选择其中一种使用。

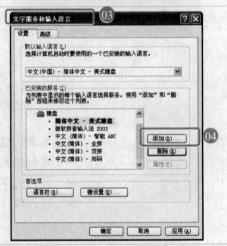

加 · 油 · 站

如果需要添加的输入法不是 Windows XP 自带的，则需要下载安装程序并进行安装后，才能够添加。

▶▶05

弹出"添加输入语言"对话框。

▶▶06

单击"键盘布局/输入法"下拉列表框右侧的下拉按钮。

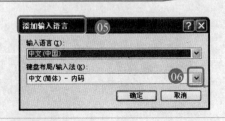

弹出输入法下拉列表。

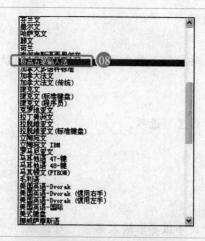

选择"极品五笔输入法"选项。

> 极品五笔输入法利用汉字的组成原理，采用汉字的字形信息进行编码，这使它与拼音码相比，击键次数少，重码率低，也更加直观。因此极品五笔输入法是比较专业的输入法。

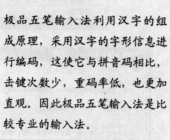

单击"确定"按钮。

返回"文字服务和输入语言"对话框。

单击"确定"按钮。

> 一般情况下，Windows XP 中没有带五笔字型输入法软件，用户需要在网络上下载并安装后，才能够使用。下载安装的输入法，将自动添加至输入法菜单中。

在任务栏单击"输入法"按钮，即可显示已添加的输入法。

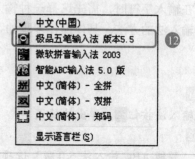

> 随着计算机汉字输入技术的不断发展和进步，汉字输入法的种类也越来越多，许多中文录入速度已经超过了英文录入速度。

5.1.2　删除输入法

对于一些不常用的输入法，用户可以将其从输入法列表中删除，使选择输入法更加方便快捷。下面以删除"中文（简体）—全拼"输入法为例，介绍删除输入法的方法，具体操作步骤如下：

▶▶01

在输入法按钮上单击鼠标右键，弹出快捷
菜单。

▶▶02

选择"设置"选项。

▶▶03

弹出"文字服务和输入语言"对话框。

▶▶04

在输入法列表框中选择"中文（简体）-全拼"
选项。

▶▶05

单击"删除"按钮。

▶▶06

单击"确定"按钮。

▶▶07

将"中文（简体）-全拼"输入法删除后如右
图所示。

注意啦

确定使用的输入法后，建议用户
将不用的输入法删除，这样切换
输入法时可以节省许多时间。

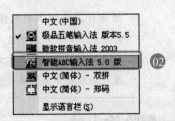

5.1.3　选择输入法

在输入字符时，需先选择一种输入法，下面以切换至"智能 ABC"输入法为例，介绍
选择输入法的方法，具体操作步骤如下：

▶▶01

单击输入法按钮■，弹出快捷菜单。

▶▶02

选择"智能 ABC 输入法 5.0 版"选项。

▶▶03

设置智能 ABC 输入法为当前输入法后，输入
法按钮图标如右图所示。

录入一篇文章时，有时需要输入汉字，有时需要输入英文，这种情况下，就需要在输入法之间进行切换。

5.1.4　定义输入法快捷键

为适合用户的输入法定义快捷键，可在输入文字时加快输入法切换速度，减少不必要的麻烦。下面以定义极品五笔输入法的快捷键为例，介绍定义输入法快捷键的方法，具体操作步骤如下：

▶▶01

在任务栏输入法按钮上单击鼠标右键，弹出快捷菜单。

▶▶02

选择"设置"选项。

▶▶03

弹出"文字服务和输入语言"对话框。

▶▶04

在输入法列表框中选择"极品五笔输入法"选项。

▶▶05

单击"键设置"按钮。

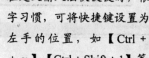

在定义输入法快捷键时，根据打字习惯，可将快捷键设置为适合左手的位置，如【Ctrl + Shift + ~】、【Ctrl + Shift + 1】等。

注意啦

▶▶06

弹出"高级键设置"对话框。

▶▶07

在该对话框下侧的列表框中选择"切换至　中文（中国）-极品五笔输入法"选项。

▶▶08

单击"更改按键顺序"按钮。

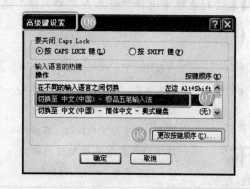

09

弹出"更改按键顺序"对话框，选中"启用按键顺序"复选框。

10

设置快捷键，然后单击"确定"按钮。

加　油　站

为适合自己的输入法设置快捷键，可极大地方便用户在输入文字时选择需要的输入法。

11

返回"高级键设置"对话框，单击"确定"按钮。

12

返回"文字服务和输入语言"对话框，单击"确定"按钮，即完成设置。

5.1.5　设置输入法

用户可以为输入法进行不同的功能设置。下面以极品五笔输入法为例，介绍设置输入法的方法，具体操作步骤如下：

01

在任务栏中的输入法按钮上单击鼠标右键，弹出快捷菜单。

02

选择"设置"选项。

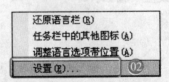

03

弹出"文字服务和输入语言"对话框。

04

在输入法列表框中选择"极品五笔输入法"选项，单击"属性"按钮。

注意啦

一般情况下，输入法默认设置为英文状态，用户可以根据需要更改该设置，只需在右图中单击"默认输入语言"下拉按钮，在弹出的下拉列表中选择相应的输入法，然后单击"确定"按钮即可。

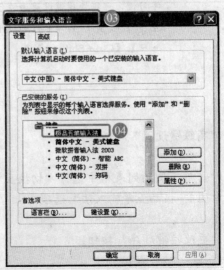

用户可以通过设置输入法，设置是否在输入文字时启动提示功能。

▶▶ 05

弹出"输入法设置"对话框。

▶▶ 06

在其中对输入法进行相应的设置，依次单击
"确定"按钮即可。

 对于汉字输入新手来说，可以在
右图所示的对话框中选中"词语
联想"和"逐渐提示"复选框。

注意啦

"输入法设置"对话框中主要选项的含义如下：

● 词语联想：选中此复选框后，当用户输入一个文字时，将在候选窗口中显示所有以此字为首的词
语。

● 词语输入：选中此复选框后，可以以词语为单位输入汉字。

● 逐渐提示：选中此复选框后，可以在候选窗口中显示所有已输入码元、字根或拼音开始的字和词，
以及外码，方便用户学习。

● 光标跟随：指外码窗口和候选窗口始终在输入光标附近出现并自动跟随随光标移动，以使用户在
输入中文时具有良好的视觉效果。

● 检索字符集：通过检索字符集设置，便于用户在输入过程中选择不同的字符集，以提高输入效率，
从而满足不同层次用户的需要。

5.2　输入文字

在工作和学习中，文字输入是一项必不可少的操作。因此，学习输入法和选择一个好的
输入法是工作中必不可少的环节。本节介绍几种常用的输入汉字的方法。

5.2.1　微软拼音输入法

微软拼音输入法是 Windows XP 自带的汉字输入法，它提供了多种特色功能，如手工造
词功能，使用该功能可以对一些常用术语和习惯用词创建快捷输入方式，在输入文字时可以
快速地输入一组词甚至是一段长句。

1. 输入词组

输入字符一般需要在文本编辑器中进行，下面以在"记事本"程序中输入字符为例，介绍使用微软拼音输入法输入词组的方法，具体操作方法如下：

单击"开始"按钮，弹出"开始"菜单。

选择"所有程序"选项。

选择"附件"选项。

选择"记事本"选项。

> Windows 自带的文本编辑器还有写字板。文本编辑器主要用于文本的编辑。

打开"未标题-记事本"窗口。

> 记事本是一个基本的文本编辑器，可用于编辑简单的文档或使用 HTML 语言创建网页文件。

单击输入法按钮，弹出快捷菜单。

选择"微软拼音输入法 2003"选项。

> 微软拼音输入法采用语句的整句转换方式，用户可连续输入整句话。微软拼音输入法有 3 个特点：中英文混合输入、逐键提示功能、用户自造词功能。

将光标定位于合适位置。

输入拼音 zuguo。

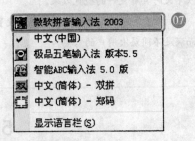

> 在文本编辑器中按一次【空格】键，可将光标向右移动一个字符。

10

按空格键确认，输入拼音 wansui。

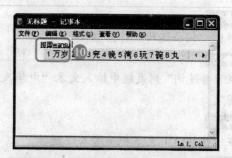

在输入词组时，输入每个字的头一个字母，然后按【空格】键，将显示多个重音的词组，然后可按数字键进行选择。

 11

再次按空格键确认，完成文字的输入。

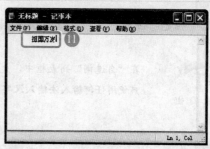

用户也可尝试输入更长的词语，如四字成语和多字词语，微软拼音输入法均可轻而易举地识别出来。

2. 自造词

使用微软拼音输入法的手工造词功能，可以将一些复杂的词组通过较为简单的拼音快速完成输入操作，即为复杂的词组创建一个快捷的输入方式，这样可以提高输入的速度。下面以输入文字"中华人民共和国"为例，介绍手工造词的方法，具体操作步骤如下：

 01

切换至微软拼音输入法。

02

单击微软输入法状态条上的"功能菜单"按钮 。

03

弹出快捷菜单，选择"自造词工具"选项。

使用微软拼音输入法的自造词功能可以减少击键次数。

04

打开"微软拼音输入法 自造词工具-「自造词」"窗口。

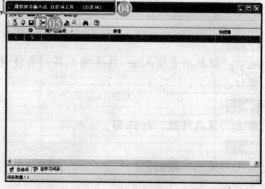

05

单击"增加一个空白词条"按钮 。

在右图所示的窗口中，双击任何一个词条，都会弹出"词条编辑"对话框。

06

弹出"词条编辑"对话框。

07

在"自造词"列表框中输入文本"中华人民共和
国"。

08

在"快捷键"文本框中输入快捷键。

09

单击"确定"按钮。

在"自造词"列表框中，允许用
户使用任何输入法输入汉字。

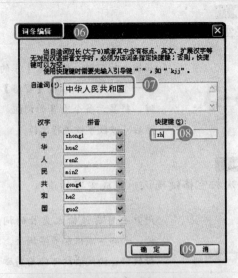

10

此时"词条编辑"对话框恢复为未设置状态，单
击"取消"按钮。

若用户需再次自造词，可在右图
所示的对话框中继续编辑词条
的相关内容。

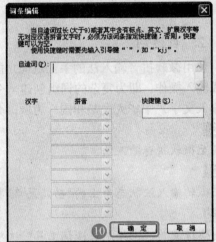

加-油-站

通过自造词功能，用户可以轻松地添加该输入法的词库中原来没有的词组。

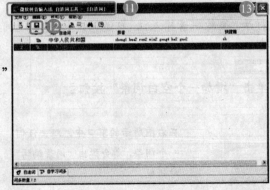

11

返回"微软拼音输入法 自造词工具-[自造词]"
窗口。

12

单击"保存修改"按钮🖬。

13

单击"关闭"按钮❌。

14

打开一个文本编辑器，如记事本。

15

使用微软拼音输入法，输入 zh。

16

按空格键确认。

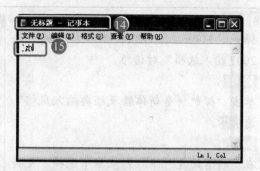

17

即可输入文本"中华人民共和国"。

注意啦

在输入自造词时，首先需按引导键"`"，它位于【Tab】键的上方。

加 油 站

在输入词组时，如果词组中的汉字发音是 an、en、ao、eng 等，那么输入时应该使用隔音符号"'"，如词组"答案"应该输入拼音 da'an，词组"西安"应该输入拼音 xi'an。

3. 中英文混合输入

中英文混合输入是微软拼音输入法的一种典型输入模式，在这种情况下，用户可以连续输入英文单词和汉语拼音而不必切换中英文输入法。开启中英文混合输入功能的具体操作步骤如下：

01

在任务栏的输入法按钮上单击鼠标右键，弹出快捷菜单。

02

选择"设置"选项。

03

弹出"文字服务和输入语言"对话框。

04

选择"微软拼音输入法 2007"选项。

05

单击"属性"按钮。

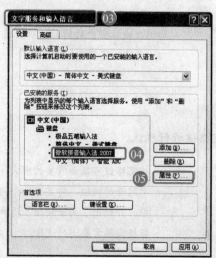

▶ 06

弹出"Microsoft Office 微软拼音输入法 2007 输入选项"对话框。

▶ 07

单击"微软拼音新体验及经典输入风格"选项卡。

▶ 08

在"拼音设置"下拉列表框中选择"支持中/英文混合输入"选项。

▶ 09

依次单击"确定"按钮即可。

5.2.2 智能 ABC 输入法

智能 ABC 输入法是 Windows XP 系统自带的一种音形结合码输入法,使用智能 ABC 输入法输入汉字,可以随意使用全拼、简拼、混拼与笔形等输入方式。

1. 智能全拼输入

使用智能全拼输入法输入文字的具体操作步骤如下:

▶ 01

单击"开始"|"所有程序"|"附件"|"记事本"命令,打开"无标题-记事本"窗口。

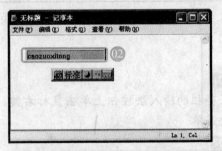

除记事本外,用户还可以在 Word、写字板或其他文本编辑器中输入文字。

▶ 02

输入拼音 caozuoxitong。

在输入拼音的同时,将出现一个输入了拼音的输入框。

▶ 03

按空格键进行确认。

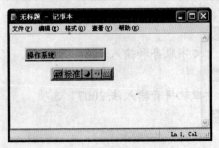

按空格键可显示需要的中文,若用同音的词组,将显示一个列表框,并列出了同音词组,用户可根据实际需要进行选择。

▶▶ 04

再次按空格键进行确认，即可输入需要的
文字。

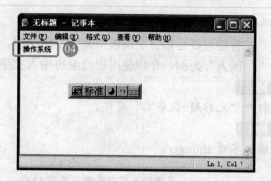

注意啦

使用全拼输入法输入文字时，
只需依次输入每个汉字的所有
拼音字母，再选择所需的汉字
即可。

2. 智能简拼输入

某些常用词语可以使用智能简拼输入，智能简拼输入更加快捷方便。下面以输入文字"我
们"为例，介绍智能简拼输入的方法，具体操作步骤如下：

▶▶ 01

打开"无标题-记事本"窗口。

▶▶ 02

并输入 wm 两个字母。

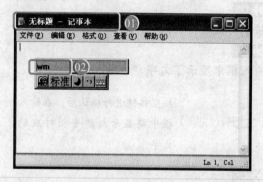

注意啦

使用智能简拼输入法，只需输
入每个字的第一个字母，即可
输入文字。

▶▶ 03

按空格键进行确认。

▶▶ 04

输入框中出现了文字"我们"，且右侧显示了
文字列表框。

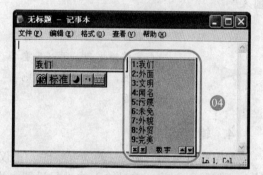

注意啦

使用简拼输入时，还会将相关
联的词语一起显示，以供用户
选择。

▶▶ 05

再次按空格键，即可输入文字"我们"。

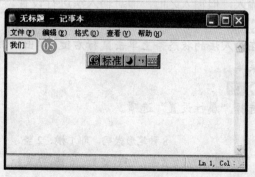

注意啦

并不是所有的词语都可用智能
简拼输入，智能简拼只用于使
用频率非常高的常用词语。

3. 智能混拼输入

智能混拼是指一个词语中某些字用全拼，某些字则使用简拼进行输入。下面以输入文字"中国人"为例，介绍使用智能混拼输入文字的方法，具体操作步骤如下：

01

打开"无标题-记事本"窗口。

02

输入字母 zhonggr。

混拼输入可以在输入汉字的同时输入字母，即拼音与字母相混合。

03

按空格键进行确认。

04

输入框中显示了文字"中国人"。

按空格键进行确认后，在输入框中将显示与拼音相对应的文字。

05

再次按空格键进行确认，即可输入文字"中国人"。

使用混拼输入，因为其中有一个完整的拼音，所以其重码率很低，可较准确快速地输入词语。

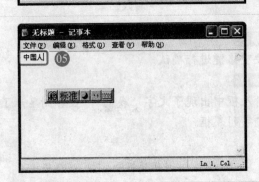

4. 输入法设置

使用智能 ABC 输入法输入汉字时，不仅可以使用拼音进行输入，还可以使用笔形进行输入，但输入之前，需对输入法进行设置。设置输入法的具体操作步骤如下：

01

在输入法的状态条上单击鼠标右键，弹出快捷菜单。

02

选择"属性设置"选项。

8 种笔形代码，即 1 横、2 竖、3 撇、4 捺、5 折、6 拐、7 交和8 口。

▶▶ 03
弹出"智能 ABC 输入法设置"对话框。

▶▶ 04
选中"笔形输入"复选框。

▶▶ 05
单击"确定"按钮，即可按笔形输入文字。

加 - 油 - 站

在使用笔形输入方式输入汉字时的取码规则有 4 种：按照笔画顺序，最多取 6 笔，不足 6 笔，有几笔取几笔，超过 6 笔时取前 6 笔；"7 交"和"8 口"包含两个以上的笔画，当汉字中有这两种笔形时，按照字的第一笔取码，如果"7 交"和"8 口"已被取，其组成部分就不再参与取码；独体字可按笔画顺序取码；合体字取码，可按左右、上下或内外的顺序，每个字最多取 3 个笔画对应的笔形码。

5.3　学中练兵——输入特殊字符

在输入文本时，有时需输入一些特殊字符，如"五角星"等，这些特殊字符可以在任何输入法状态下进行输入，具体操作步骤如下：

▶▶ 01
单击"开始"|"所有程序"|"附件"|"记事本"命令。

▶▶ 02
打开"无标题-记事本"窗口。

单击"开始"|"运行"命令，运行 NotePad 命令，也可打开"记事本"窗口。

▶▶ 03
在输入法状态条上的 ▥ 按钮上单击鼠标右键。

▶▶ 04
弹出快捷菜单。

▶▶ 05
选择"特殊符号"选项。

在右图所示的快捷菜单中选择不同的选项，将打开不同的软键盘。

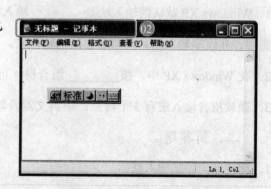

▶▶06

显示软键盘。

▶▶07

在五角星按键上单击鼠标左键。

▶▶08

输入的五角星符号如右图所示。

注意啦

软键盘用来输入键盘不能输入的特殊符号。输入完成后，在输入法状态条上的▦图标上单击鼠标左键，即可关闭软键盘。

5.4 学后练手

本章讲解了 Windows XP 的文字输入，包括定制输入法、输入文字等方面的知识。本章学后练手是为了帮助读者更好地掌握和巩固 Windows XP 的文字输入知识与操作，请大家结合本章所学知识认真完成。

一、填空题

1. Windows XP 默认的输入法是_____输入法，如果用户习惯使用其他输入法，可以根据需要，在汉字输入法列表中添加其他输入法。

2. 在 Windows XP 中，按_____组合键，可在中文输入法和英文输入法之间进行切换。

3. 微软拼音输入法有 3 个特点：中英文混合输入、逐键提示功能、_____功能。

二、简答题

1. 简述如何添加输入法。

2. 如何定义输入法快捷键？

三、上机题

1. 在计算机中添加王码五笔型输入法 86 版。

2. 使用智能 ABC 输入法输入一首古诗。

静夜思

李白

床前明月光，疑是地上霜。

举头望明月，低头思故乡。

第6章

Windows XP 系统优化

学习安排

本章学习时间安排建议：

总体时间为 3 课时，其中分配 2 课时对照书本学习 Windows XP 的基础知识与各项操作，分配 1 课时观看多媒体教程并自行上机进行操作。

学有所成

学完本章，您应能掌握以下技能：
- ❖ 删除网络协议
- ❖ 调整虚拟内存
- ❖ 优化桌面菜单
- ❖ 加密文件

Windows XP 是一个复杂的计算机管理平台。在使用 Windows XP 的过程中，用户需要调用系统工具进行系统优化。在 Windows XP 中，系统管理程序是操作系统内嵌的，用户可以设置多种参数，定制具有个人特色的操作系统，使得系统更加简捷。

6.1　系统的优化

对操作系统进行适度的优化，可以加快系统启动的速度，提升系统的性能。

6.1.1　删除网络协议

在安装 Windows XP 时，系统会自带一些协议，而这些协议被安装后，有可能会成为病毒攻击的对象，因此需要将不必要的协议删除。删除网络协议的具体操作步骤如下：

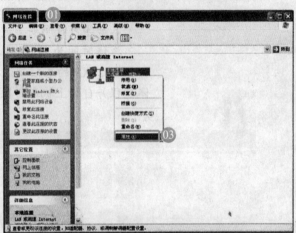

01

在桌面上双击"网上邻居"图标。打开"网上邻居"窗口。

02

在左侧任务窗格中单击"查看网络连接"超链接。

03

在"本地连接"图标上单击鼠标右键，弹出快捷菜单，选择"属性"选项。

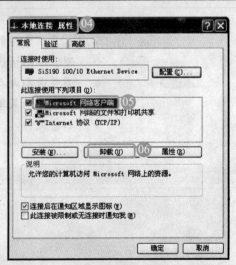

04

弹出"本地连接 属性"对话框。

05

在"此连接使用下列项目"列表中，选中需要删除的协议。

06

单击"卸载"按钮。

注意啦　　TCP/IP 协议是通信必须要使用的协议，因而 TCP/IP 协议是不能删除的。

07

弹出提示信息框。

08

单击"是"按钮。

09

卸载完成后，弹出"本地网络"提示信息框。

10

单击"否"按钮。

11

返回"本地连接属性"对话框，单击"关闭"按钮，在弹出的提示信息框中单击"否"按钮即可。

加-油-站

　　由于 Windows XP 操作系统是一个网络操作系统，因此很多服务都是为网络操作系统特性而开发的，但在实际应用过程中，有可能不需要使用这些服务，用户可关闭一些服务以获取更佳的性能。

6.1.2　禁用不需要的服务

　　Windows XP 提供的系统服务是不可以删除的，但是可以禁用，禁用同样可以达到防范的效果。禁用不需要的服务的具体操作步骤如下：

01

在桌面上的"我的电脑"图标上单击鼠标右键，弹出快捷菜单。

02

选择"服务"选项。

03

打开"服务"窗口。

04

在需要禁用的服务上单击鼠标右键，弹出快捷菜单。

05

选择"属性"选项。

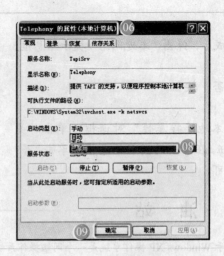

06
弹出属性对话框。

07
单击"启动类型"下拉列表框右侧的下拉按钮。

08
在弹出的下拉列表中选择"已禁用"选项。

09
单击"确定"按钮，即可禁用不需要的服务。

6.1.3 禁用视觉外观

与以往的 Windows 操作系统相比，Windows XP 的界面要漂亮得多，但这都需耗费大量的系统资源。若用户的计算机配置较低，可禁用一些视觉效果，从而提升系统的整体运行速度。禁用视觉外观的具体操作步骤如下：

01
在桌面的"我的电脑"图标上单击鼠标右键，弹出快捷菜单。

02
选择"属性"选项。

> 在 Windows 操作系统界面中，鼠标和图标的阴影效果、字体的平滑效果等，都需消耗一定的系统资源。

注意啦

03
弹出"系统属性"对话框。

04
单击"高级"选项卡。

05
在"性能"选项区中单击"设置"按钮。

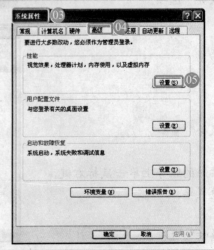

> 将 Windows XP 视觉外观禁用后，窗口及对话框的外观看起来和 Windows 2000 的差不多。

注意啦

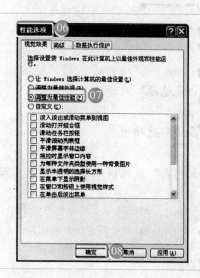

06

弹出"性能选项"对话框。

07

选中"调整为最佳性能"单选按钮。

08

单击"确定"按钮。

09

返回"系统属性"对话框，单击"确定"按钮，即可禁用视觉外观。

6.1.4　调整虚拟内存

　　虚拟内存是指在内存不够用时，系统腾出一部分硬盘空间作为内存来使用，这部分硬盘空间就是虚拟内存。用户可以根据需要调整虚拟内存的大小。调整虚拟内存大小的具体操作步骤如下：

01

在桌面上"我的电脑"图标上单击鼠标右键，弹出快捷菜单。

02

选择"属性"选项。

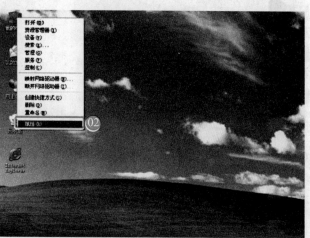

设置虚拟内存时，建议用户将初始大小和最大值设置为相同，最好不要将虚拟内存设置在系统分区中。

03

弹出"系统属性"对话框。

04

单击"高级"选项卡。

05

在"性能"选项区中单击"设置"按钮。

物理内存指的是内存的实际大小，在设置虚拟内存大小时，建议用户将虚拟内存设置为物理内存的 2.5 倍。

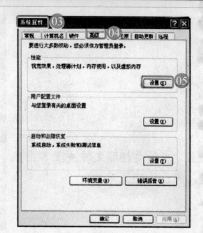

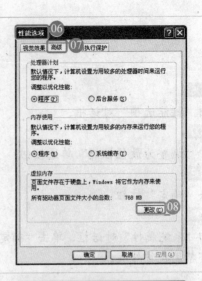

06

弹出"性能选项"对话框。

07

单击"高级"选项卡。

08

在"虚拟内存"选项区中单击"更改"按钮。

　　如果减小了虚拟内存的最小值或最大值,则必须重新启动计算机才能查看改动效果。

注意啦

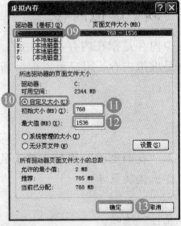

09

弹出"虚拟内存"对话框,在"所选驱动器的页面文件大小"选项区中,选择需要设置虚拟内存的盘符。

10

选中"自定义大小"单选按钮。

11

输入初始大小值。

12

输入最大值。

13

依次单击"确定"按钮,即完成虚拟内存大小的调整。

6.1.5　移动"我的文档"文件夹

　　"我的文档"是系统默认的文件夹,随着系统的运行,一些文件会自动添加到"我的文档"文件夹中,如果其中的文件过多会造成系统运行速度缓慢。为此用户可将其移至其他分区,具体操作步骤如下:

01

在桌面上"我的文档"文件夹上单击鼠标右键,弹出快捷菜单。

02

选择"属性"选项。

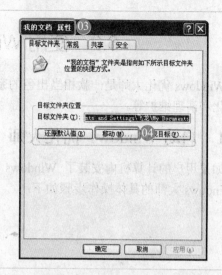

弹出"我的文档 属性"对话框。

04
在"目标文件夹位置"选项区中单击"移动"
按钮。

> 在右图所示的对话框中，单击
> "还原默认值"按钮，可将目标
> 注意啦　文件夹位置还原为默认值。

05
弹出"选择一个目标"对话框。

06
选择要存储"我的文档"文件夹的位置如 F 盘。

07
单击"确定"按钮，返回"我的文档 属性"
对话框。

> 在右图所示的对话框中，单击
> "新建文件夹"按钮，可在相应
> 注意啦　盘符下新建一个文件夹。

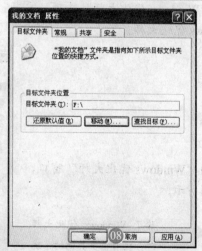

单击"确定"按钮。

> 在右图所示的对话框中单击"查
> 找目标"按钮，会弹出"我的文
> 注意啦　档"文件夹所在位置的窗口。

09
弹出提示信息框。

10
单击"是"按钮，系统自动将"我的文档"文
件夹转移至 F 盘下。

6.2　使用 Windows 优化大师

Windows 优化大师是一款相当出色的系统优化软件，其主要功能包括系统信息检测、性能优化和清理维护等。

6.2.1　启动 Windows 优化大师

如果用户的计算机内安装了 Windows 优化大师，可使用优化大师对系统进行优化。启动 Windows 大师的具体操作步骤如下：

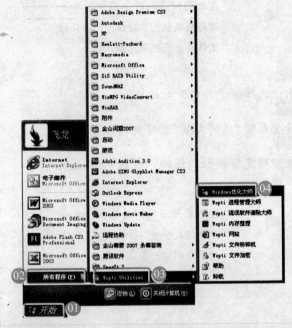

▶▶01

单击"开始"按钮，弹出"开始"菜单。

▶▶02

选择"所有程序"选项。

▶▶03

选择 Wopti Utilities 选项。

▶▶04

选择"Windows 优化大师"选项，启动 Windows 优化大师。

▶▶05

打开的"Windows 优化大师"窗口，如右图所示。

除了 Windows 优化大师外，还有很多其他的系统优化软件，如超级兔子等。

6.2.2　磁盘缓存优化

磁盘缓存优化的具体操作步骤如下：

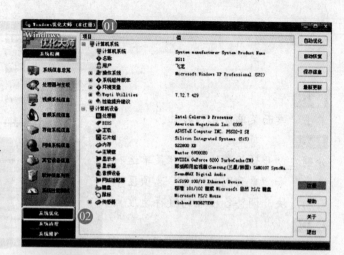

01

打开"Windows 优化大师"窗口。

02

单击"系统优化"按钮。

对磁盘缓存空间进行设定，这样不仅可以节省系统计算磁盘缓存的时间，还可以保证其他程序对内存的需求。

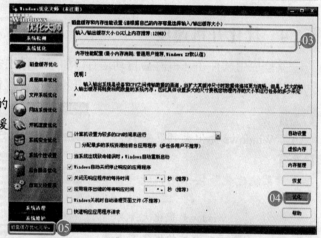

03

单击"硬盘缓存优化"按钮，在右侧的选项区中拖动滑块，调整输入/输出缓存的大小。

04

单击"优化"按钮。

05

稍后将显示磁盘缓存优化完毕信息。

6.2.3　优化桌面菜单

优化桌面菜单的具体步骤如下：

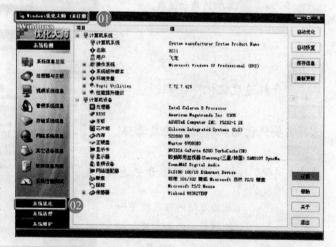

01

打开"Windows 优化大师"窗口。

02

单击"系统优化"按钮。

优化桌面菜单，可以加快"开始"菜单的运行速度、桌面菜单的显示速度和系统的刷新速度等。

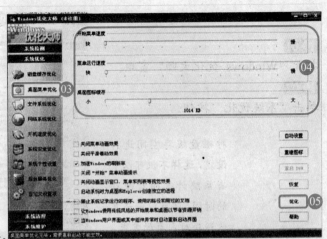

 03

单击"桌面菜单优化"按钮。

04

分别在"开始菜单速度"、"菜单运行速度"和"桌面图标缓存"选项区中移动滑块,调整各项目的缓存速度。

05

单击"优化"按钮,即可优化桌面菜单。

6.2.4 优化开机速度

某些应用软件在开机时会自动运行,如果运行过多的软件,开机速度会明显减慢。用户可以通过优化大师进行优化,从而加快开机速度。优化开机速度的具体操作步骤如下:

01

打开"Windows 优化大师"窗口。

02

单击"系统优化"按钮。

注意啦

Windows 优化大师对于开机速度的优化主要通过减少引导信息停留时间和取消不必要的开机自动运行程序来提高计算机的启动速度。

03

单击"开机速度优化"按钮。

04

选择需要优化的软件左侧的复选框。

05

单击"优化"按钮,即可优化开机速度。

注意啦

自动启动的应用程序一般都是一些小程序,如金山词霸、QQ 等。

加－油－站

　　优化开机速度后，将弹出提示信息框，询问用户是否重启计算机，用户可根据需要，选择是否重启。

6.2.5　清理系统垃圾

　　系统经过长时间的运行，会积累许多降低系统效率的垃圾信息，用户可将这些垃圾信息删除，从而提高计算机的运行速度，具体操作步骤如下：

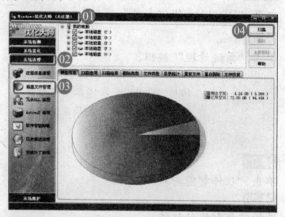

 01

打开"Windows 优化大师"窗口。

▶▶ 02

单击"系统清理"按钮。

▶▶ 03

单击"磁盘文件管理"按钮。

▶▶ 04

单击"扫描"按钮。

▶▶ 05

系统开始扫描文件，并显示扫描进度。

 注意啦

在右图所示的窗口中，用户也可选中相应盘符左侧的复选框，自定义扫描磁盘空间。

▶▶ 06

扫描完成后，单击"全部删除"按钮。

注意啦

在 Windows 优化大师中，全部删除操作只适用于 Windows 优化大师的注册用户使用。

 07

弹出如右图所示的提示信息框。

08

单击"确定"按钮，即可清理系统垃圾。

6.2.6 智能卸载软件

使用 Windows 优化大师可以对软件进行卸载，具体操作步骤如下：

 01

打开"Windows 优化大师"窗口。

 02

单击"系统清理"按钮。

> 使用 Windows 优化大师卸载软件，可防止一些重要的系统软件被误卸载。

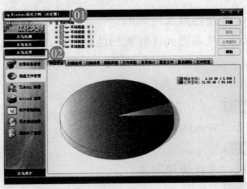

03

单击"软件智能卸载"按钮。

04

选择需要卸载的软件。

 05

单击"分析"按钮。

> 一些重要的系统软件，经过分析后，Windows 优化大师将提示不可卸载。

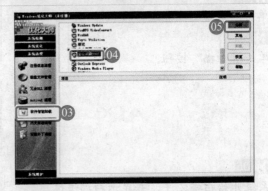

06

系统开始自动分析可卸载信息。

07

分析完成后单击"卸载"按钮。

> 在右图所示的窗口中，单击"恢复"按钮，根据系统提示进行操作，可将卸载的软件恢复。

 08

弹出如右图所示的提示信息框。

09

单击"是"按钮。

▶▶ 10

弹出如右图所示的提示信息框。

▶▶ 11

单击"否"按钮，即可智能卸载软件。

加 — 油 — 站

　　计算机爱好者在使用自己的计算机时都会安装或多或少的应用软件，部分软件甚至是所谓的绿色软件（绿色软件：指无需安装即可使用的应用程序）。软件安装比较容易，然而在卸载应用程序时，可能会碰到以下几种情况：一是软件的卸载程序已被损坏导致卸载失败，用户不得不直接删除该应用程序；二是对于部分绿色软件，由于它在运行过程中动态生成了部分临时文件或更改了用户的注册表，直接删除会在系统中留下冗余信息。长此以往，这两种情况会导致使用者的系统越来越臃肿，降低运行速度。

　　针对上述情况，Windows 优化大师向用户提供了软件智能卸载功能。它能够自动分析指定软件在硬盘中关联的文件以及在注册表中登记的相关信息，并在压缩备份后予以清除。用户在卸载完毕后，如果需要重新使用或遇到问题时可以随时从 Windows 优化大师自带的备份与恢复管理器中将已经卸载的软件恢复。

6.2.7　加密文件

　　为了保证一些重要文件的安全，用户还可使用 Windows 优化大师为文件夹进行加密。下面以为"示例图片"文件夹加密为例，向读者介绍加密文件的方法，具体操作步骤如下：

▶▶ 01

打开"Windows 优化大师"窗口。

▶▶ 02

单击"系统优化"按钮。

▶▶ 03

单击"系统安全优化"按钮。

▶▶ 04

单击"文件加密"按钮。

▶▶ 05

弹出"Wopti 文件加密"窗口。

▶▶ 06

在左下方任务窗格中选择"示例图片"文件夹。

▶▶ 07

在右下方任务窗格中双击"示例图片"文件夹。

08

在"密码"文本框中单击鼠标左键，并输入密码。

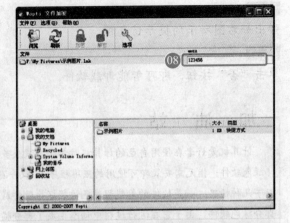

注意啦

对于 Windows 操作系统启动自动运行的执行文件、应用程序在使用过程中要调用的动态链接库和字体文件等请不要加密，以免影响系统和应用程序的正常运行。

09

按【Enter】键确认。

10

单击"加密"按钮。

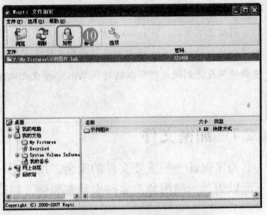

注意啦

Wopti 文件加密器能将各种文件加密后压缩存放，不仅提高了文件的安全性，并且减少了磁盘空间的占用。

11

弹出如右图所示的提示信息框。

12

单击"确定"按钮，即可加密文件。

加 - 油 - 站

解密说明：对于已加密的文件，Wopti 文件加密器能将其解密为原始文件。值得注意的是，加密文件解密后存放的文件名为原始文件名。例如：若原始文件为"关于编写调用 DLL 的报告.doc"，加密后文件为"关于编写调用 DLL 的报告.doc.womec"，即便用户将加密后文件名改为"a.doc.womec"，解密后依然为"关于编写调用 DLL 的报告.doc"。在解密前，用户可在 Wopti 文件加密器的设置选项中设置"解密成功后删除加密文件"等项目。

6.3　学中练兵——检测计算机性能

使用 Windows 优化大师，可以方便地测试计算机的性能，具体操作步骤如下：

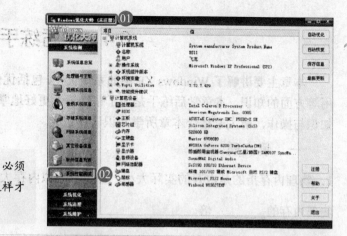

01

打开"Windows 优化大师"窗口。

02

单击"系统性能测试"按钮。

检测计算机性能之前,必须关闭一切应用程序,这样才能够精确地进行检测。

03

显示出要测试计算机性能的项目。

04

单击"测试"按钮。

在右图所示窗口中,显示了两台不同配置计算机的系统信息检测评分,可供当前计算机参照。

05

弹出如右图所示的提示信息框。

06

单击"确定"按钮。

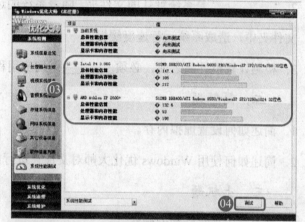

07

系统将自动进行检测。

08

显示当前计算机的系统性能。

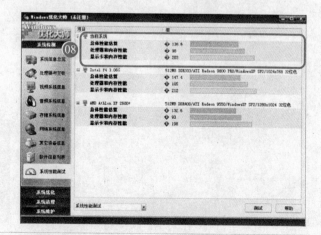

进行系统性能检测时,屏幕会显示不同的测试画面,并弹出相应的提示信息框,用户可根据实际情况进行相应的操作。

6.4 学后练手

本章主要讲解了 Windows XP 中的系统优化，包括优化系统以及 Windows 优化大师的使用等方面的知识。本章学后练手是为了帮助读者更好地掌握和巩固 Windows XP 系统优化的知识与操作，请大家结合本章所学知识认真完成。

一、填空题

1. 物理内存指的是内存的实际大小，在设置虚拟内存大小时，建议用户将虚拟内存设置为物理内存的_____倍。

2. "_____" 是系统默认的文件夹，随着系统的运行，一些文件会自动添加到"我的文档"文件夹中，造成系统运行速度缓慢。

3. 检测计算机性能之前，必须_____一切应用程序，这样才能够精确地进行测试。

二、简答题

1. 简述如何设置虚拟内存。

2. 简述如何使用 Windows 优化大师对文件夹进行加密。

三、上机题

1. 练习禁用视觉外观的操作。

2. 使用 Windows 优化大师检测计算机性能。

第 7 章

Windows XP 网络功能

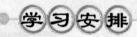

本章学习时间安排建议:
总体时间为 3 课时,其中分配 2 课时对照书本学习 Windows XP 网络应用的相关知识,分配 1 课时观看多媒体教程并自行上机进行操作。

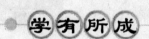

学完本章,您应能掌握以下技能:
- ❖ 启动 IE 浏览网页
- ❖ 设置 Internet Explorer
- ❖ 收发电子邮件
- ❖ 使用局域网

网络是一个庞大、实用的信息资源，世界各地数以亿计的人可以通过网络进行通信和共享信息。本节介绍有关 Internet 常用服务和局域网的应用等方面的知识。

7.1　浏览网页

使用 Internet 浏览网页时离不开浏览器，浏览器也是一个应用软件，用于与 WWW 建立链接，并与其进行通信。现在大多数用户使用的都是微软公司提供的 IE 浏览器（Internet Explorer）。

7.1.1　启动 IE 浏览器

启动 IE 浏览器的具体操作步骤如下：

 01

单击"开始"按钮，弹出"开始"菜单。

02

选择 Internet Explorer 选项。

因特网是目前世界上最具影响力的国际计算机网络系统，它把世界各地的计算机通过网络线路连接起来，并进行数据和信息交换，从而实现资源共享。

注意啦

 03

打开的 IE 浏览器窗口如右图所示。

第一次启动 IE 6.0 时，IE 窗口会直接连接到微软公司的 MSN 网站。在浏览网页时，按【F11】键，可全屏显示网页。

注意啦

7.1.2　打开网页

启动 IE 浏览器后，就可以浏览网页了，下面以打开"百度"首页为例，介绍打开网页的方法，具体操作步骤如下：

 01

启动 IE 浏览器。

02

在地址栏中输入"百度"网站的网址。

03

单击"转到"按钮 ➡。

注意啦　在 IE 浏览器的地址栏中输入网址后，直接按键盘上的【Enter】键，也可打开相应的网页。

04

打开的"百度"网站的首页如右图所示。

注意啦　在网络中，每个网站都有相应的网址，便于用户查找。"百度"是国内非常著名的网站之一。

加－油－站

网页中存在许多超链接，用户可将鼠标指针移至超链接上并单击鼠标左键，可打开与之相应的网页。

7.1.3　保存网页中的图片

在浏览网页时，可将网页中精美的图片保存在计算机中，具体操作步骤如下：

01

在 IE 浏览器中需要保存的图片上单击鼠标右键，弹出快捷菜单。

02

选择"图片另存为"选项。

注意啦　在右图所示的快捷菜单中，选择"设置为背景"选项，可将图片设置为桌面背景。

03

弹出"保存图片"对话框。

04

选择保存路径。

05

单击"保存"按钮,即可保存网页中的图片。

7.1.4　收藏网页

浏览网页时,用户经常会遇到一些非常精彩的网页,此时可将它们保存起来以便日后查看。下面以收藏"网址之家"网页为例,介绍收藏网页的方法,具体操作步骤如下:

01

打开"网址之家"网页。

02

单击"收藏夹"按钮。

03

在"收藏夹"任务窗格中单击"添加"按钮。

04

弹出"添加到收藏夹"对话框。

05

在"名称"文本框中输入名称。

06

单击"确定"按钮。

07

将"网址之家"网页添加至"收藏夹"后如右图所示。

注意啦

"网址之家"网站收录了许多不同类型的网站,经常用于搜索相关的网站,许多用户将其设置为首页。

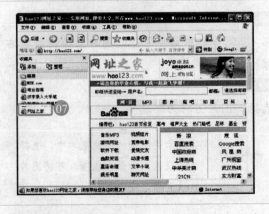

加　油　站

　　"收藏夹"文件夹一般保存在系统文件夹下，重新安装系统时，"收藏夹"文件夹中的文件也会被清除，用户可以在安装系统之前将"收藏夹"备份至其他磁盘上，以便日后继续使用。

7.1.5　保存网页

　　若用户需将网页保存在本地磁盘中，以便今后在没有上网时脱机查阅，可以将网页中的信息保存起来。保存网页的具体操作步骤如下：

▶▶01
打开需要保存的网页。

▶▶02
单击"文件"命令。

▶▶03
单击"另存为"命令。

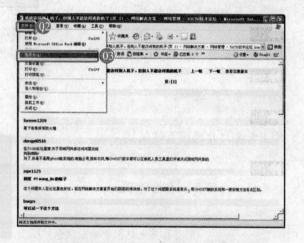

　　将网页保存在本地磁盘后，其中的超链接将不可以链接到其他网址，而只能浏览当前网页的内容。

▶▶04
弹出"保存网页"对话框。

▶▶05
输入文件名。

▶▶06
单击"保存"按钮。

　　并不是所有网页都可以保存在本地磁盘，一些特殊网页，如博客以及专有网页是不可保存的。

▶▶07
保存的网页文件如右图所示。

　　将网页保存在本地磁盘后，即使没有连接网络，双击该网页的图标，也可打开相应的网页。

7.1.6 使用历史记录功能

历史记录列表中记录了用户最近查看过的 Web 页，使用它可以方便地找到最近浏览过的 Web 页。下面以查看今天浏览过的网页为例，介绍历史记录功能的使用方法，具体操作步骤如下：

01
打开 IE 浏览器。

02
单击"历史记录"按钮 。

03
打开"历史记录"任务窗格。

04
选择"今天"选项。

05
单击需要打开的网页超链接。

06
打开的相应网页如右图所示。

注意啦

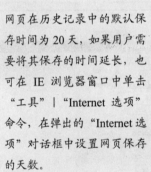
网页在历史记录中的默认保存时间为 20 天，如果用户需要将其保存的时间延长，也可在 IE 浏览器窗口中单击"工具" | "Internet 选项"命令，在弹出的"Internet 选项"对话框中设置网页保存的天数。

7.2 设置 Internet Explorer

在使用 Internet Explorer 浏览器浏览网页时，可加载各种类型的 Web 网页。针对不同的操作条件，Internet Explorer 中具有灵活的设置工具，以帮助用户定制具有特色的网络浏览器。

7.2.1 设置主页

在启动 IE 浏览器时，会打开一个固定不变的网页页面，这个页面称为 IE 浏览器的主页，主页可以根据用户的需要进行设置。下面以将主页设置为"百度"网站为例，介绍设置主页的方法，具体操作步骤如下：

打开 IE 浏览器。

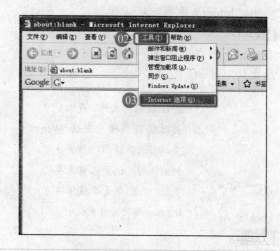

单击"工具"命令。

单击"Internet 选项"命令。

在浏览网页过程中，会碰到访问频繁的站点，此时用户可以将这个站点设置为主页，让每次运行 IE 时都显示该网页。

弹出"Internet 选项"对话框。

在"主页"选项区的"地址"列表框中输入"百度"的网址。

单击"确定"按钮即可。

在右图所示的对话框中，单击"使用空白页"按钮，可将主页设置为空白页。

7.2.2 删除 Internet 临时文件

系统经过长时间的使用后，保存的大量临时文件会占用过多的硬盘空间，对此可通过删除这些临时文件来释放更多的硬盘空间。删除 Internet 临时文件的具体操作步骤如下：

打开 IE 浏览器窗口。

单击"工具"命令。

单击"Internet 选项"命令。

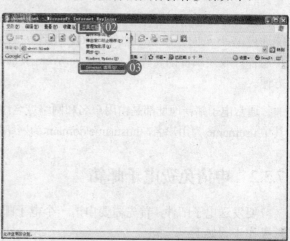

Internet 临时文件保存过多，也会影响计算机运行速度。

04

弹出"Internet 选项"对话框。

05

在"Internet 临时文件"选项区中,单击"删除文件"按钮。

> Internet 临时文件,是浏览网页时保存在硬盘里的 Web 页,当用户访问以前浏览过的站点时,浏览器首先要检查该 Web 页是否被保存在 Internet 临时文件里。

注意啦

06

弹出"删除文件"提示信息框,单击"确定"按钮。

07

返回"Internet 选项"对话框,单击"确定"按钮,即可删除 Internet 临时文件。

7.3 收发电子邮件

随着因特网的不断发展和普及,发送信件不再依赖于传统的邮寄方式,人们更加青睐于在网上收发邮件。使用电子邮件不仅可以给好友发送文字信息,同时还可以发送图片、视频和音频等信息。

7.3.1 认识电子邮箱

电子邮箱是传输信息的一种网络服务,同时也是用户在 Internet 中进行通信的一种方式。电子邮箱最大的特点是传输速度快、简便、可靠、成本低,深受广大用户的青睐。

目前,比较常用的电子邮箱服务主要有 Web 页面邮箱和 POP3 邮箱。Web 页面邮箱只能通过 Web 页面收发电子邮件;POP3 邮箱的服务器主要支持 POP3 协议,通过此协议可以使用各种收发邮件的软件,在不登录 Web 页面的情况下就能收发电子邮件,使用起来非常方便。

通常电子邮箱地址都是由用户名和网络域名组成的,其格式为 username@hostname.domain,其中 username 为用户名,hostname.domain 为网络域名。

7.3.2 申请免费电子邮箱

要发送电子邮件,首先需要申请一个电子邮箱。下面介绍在网易中申请邮箱的方法,具体操作步骤如下:

01

打开 IE 浏览器窗口。

02

在地址栏中输入网易邮箱网址。

03

按【Enter】键，打开网易邮箱首页。

04

单击"注册"按钮。

05

打开网易通行证窗口。

06

在"通行证用户名"文本框中输入用户名。

07

输入密码及密码提示。

> 网易邮箱是常用的电子邮箱，网易邮箱网址为：http://mail.163.com。

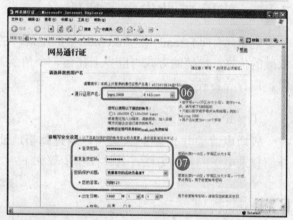

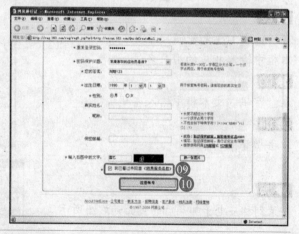

08

输入其他相关信息。

09

选中"我已看过并同意《网易服务条款》"复选框。

10

单击"注册账号"按钮。

加－油－站

　　在填写注册资料时，一定要认真地填写，有红色星号的是必须要填写的资料，并且要记住自己注册的用户名和密码以及申请密码时设置的问题与答案。

▶▶11

如果注册成功，将显示如右图所示的申请成功页面。

注意啦　在设置邮箱的密码时，不要使用过于简单或有规律性的数字与字母组合，否则容易被他人破解，最好将字母与数字组合使用，而且位数不应太少。

7.3.3　使用 IE 收发电子邮件

电子邮件（E-mail）是 Internet 中应用最广的服务之一。通过电子邮件系统，用户可以低廉的价格、快捷的方式与世界上任何一个角落的用户取得联系。这些邮件可以是文字、图像、声音等各种方式。

1.　登录电子邮箱

成功申请了电子邮箱后，就可以通过邮箱地址登录到电子邮箱中。下面以网易邮箱为例，介绍登录电子邮箱的方法，具体操作步骤如下：

▶▶01

打开网易网站并进入登录界面。

▶▶02

在"登录 163 免费邮"选项区的"用户名"文本框中输入相应的用户名。

▶▶03

在"密码"文本框中输入密码。

▶▶04

单击"登录"按钮。

▶▶05

登录到相应电子邮箱后的页面如右图所示。

注意啦　通过网络收发电子邮件比传统邮件价格低廉而且便捷。电子邮件是通过电子邮箱进行传递的，因此写信和收信的双方都必须有一个电子邮箱。

2. 发送普通文本邮件

知道对方的电子邮件账号后，即可向其发送电子邮件。发送电子邮件的操作非常简单，具体操作步骤如下：

01

登录邮箱后，单击"写信"按钮。

如同传统的写信方式一样，在发送电子邮件之前应写好信件的内容，不同的是电子邮件内容更加丰富，不仅可以是纯文本，还可以包括图片、动画、电子贺卡等。

02

进入写信界面。

03

在"收件人"文本框中输入收件人的邮箱地址。

04

在"主题"文本框中输入相应的主题。

05

输入信件内容。

06

单击"发送"按钮。

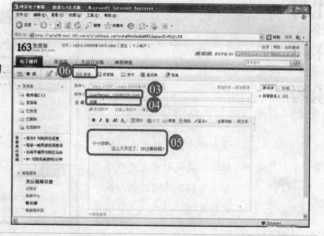

07

显示邮件发送成功。

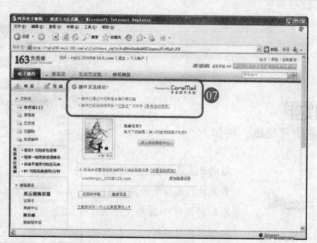

发送邮件时，建议用户不要发送容量较大的音频、视频文件，要发送大文件时最好先将其压缩，以免影响发送速度。

3. 发送带有附件的电子邮件

发送带有附件的电子邮件与发送普通文本电子邮件的方法类似，只是多增加了一个添加附件的步骤，具体操作方法如下：

在写信界面填写收件人的电子邮箱地址及邮件的主题。

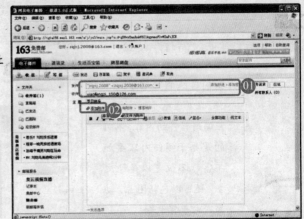

单击"添加附件"按钮。

若用户需同时发送多个附件，可在右图所示的界面中单击"批量上传附件"按钮。

弹出"选择文件"对话框。

选择需要发送的附件。

单击"打开"按钮，返回写信界面。

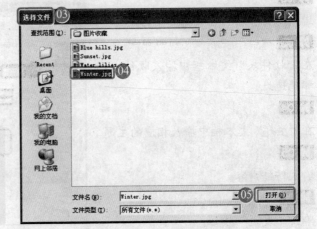

在发送多个容量较小的附件时，建议用户先使用压缩工具将其压缩打包，再进行发送。

单击"发送"按钮。

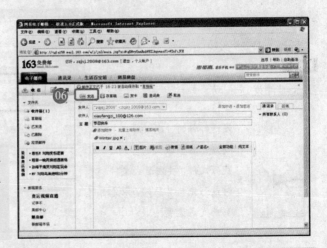

若用户需添加多个附件，可重复执行添加附件操作，可添加的附件个数和大小因网站不同而不同。

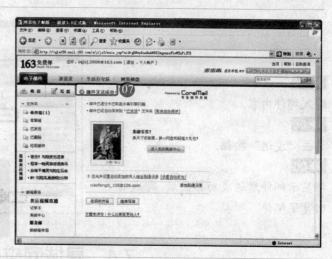

07

显示 "邮件发送成功" 界面。

> 发送邮件时，必需确保显示了右图所示的界面，否则邮件可能会发送失败。

注意啦

4. 查看和回复邮件

使用电子邮箱不仅仅能够向其他用户发送邮件，同时也能接收、查看以及回复他人发送的邮件。查看和回复邮件的具体操作步骤如下：

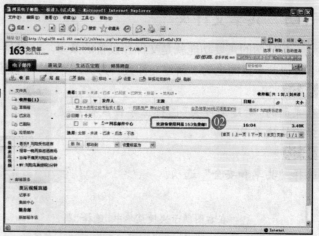

01

登录邮箱后，将显示收到的邮件。

02

单击需要查看的邮件链接，即可查看相应邮件。

> 若用户的邮件中含有附件，只需在打开的邮件中单击 "下载附件" 链接即可将附件下载到本地计算机。

注意啦

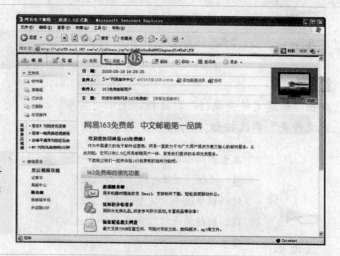

03

单击 "回复" 按钮。

> 在右图所示的页面中，单击 "转发" 按钮，可将当前邮件转发给其他用户。

注意啦

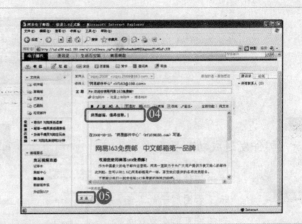

▶▶04

输入邮件内容。

▶▶05

单击"发送"按钮。

▶▶06

待显示邮件发送成功界面后,即成功
回复了邮件。

7.4　局域网应用

　　局域网是将小区域内的各种通信设备(计算机、终端、各种外围设备)互连在一起的通信网络。局域网的主要特点是高速度、短距离和低误码率传输数据。

7.4.1　共享文件夹

　　局域网的重要功能就是文件和设备的共享,共享是访问网络上其他计算机内文件的入口。下面以共享桌面上的"新建文件夹"为例,介绍共享文件夹的方法,具体操作步骤如下:

▶▶01

在桌面的"新建文件夹"图标上单击鼠标右键,
弹出快捷菜单。

▶▶02

选择"共享和安全"选项。

在右图所示快捷菜单中,选择"属性"选项,弹出"属性"对话框,然后单击"共享"选项卡,在其中也可设置文件的"共享"属性。

▶▶03

弹出"新建文件夹属性"对话框,选中"共享
此文件夹"单选按钮。

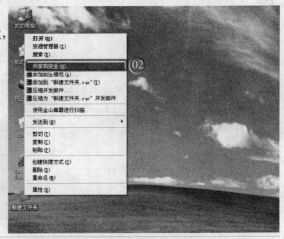

在右图所示的对话框中单击"权限"按钮,在弹出的"文件权限"对话框中选中"完全控制"复选框,则访问者可以更改文件夹的属性。

▶04

单击"确定"按钮，即可将"新建文件
夹"在局域网中共享。

注意啦

将文件夹设置为共享后，
其文件夹图标也会发生
改变。设置为共享后的文
件夹，其文件夹将显示为
🖐图标样式。

7.4.2　共享打印机

在局域网中不仅可以共享数据资源，还可以将打印机设置为共享，以供网络中的其他用
户使用。共享打印机的具体操作步骤如下：

▶01

单击"开始"按钮，弹出"开始"菜单。

▶02

选择"控制面板"选项。

注意啦

如果用户希望在"开始"
菜单中显示"打印机和传
真"超链接，可通过"任
务栏和「开始」菜单属性"
对话框进行设置。

▶03

打开"控制面板"窗口。

▶04

在"打印机和传真"图标上单击鼠标右
键，弹出快捷菜单。

▶05

选择"打开"选项。

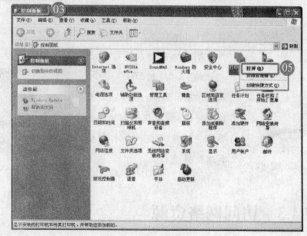

注意啦

在相应图标上双击鼠标左
键，也可打开相应的窗口。

06
打开"打印机和传真"窗口。

07
在相应的打印机图标上单击鼠标右键,弹出快捷菜单。

08
选择"共享"选项。

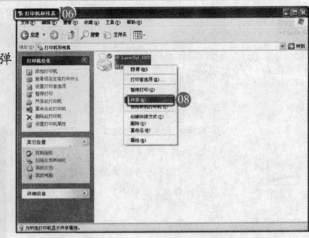

使用共享打印机与使用本地打印机的方法类似,共享打印机可以被局域网中的任何一个用户使用,可大大提高工作效率,而且节省资源。

09
弹出相应的打印机属性对话框。

10
选中"共享这台打印机"单选按钮。

11
单击"确定"按钮。

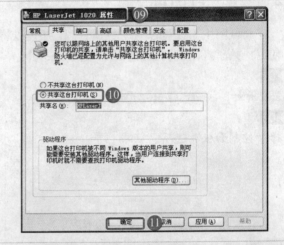

与打印机连接的计算机开启以后,其他的计算机才能通过该共享打印机进行打印。

12
即可将打印机在网络上共享,如右图所示。

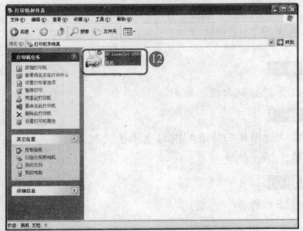

如果已遵循上述操作步骤,但仍无法共享打印机,请打开 Windows 防火墙,(要打开"Windows 防火墙",单击"开始"|"控制面板"命令,双击"Windows 防火墙"图标即可),然后在"例外"选项卡中选中"文件和打印机共享"复选框。

7.4.3　访问网络资源

在局域网中设置了共享资源后,即可在各计算机中使用共享资源,具体操作步骤如下:

01

在桌面的"网上邻居"图标上单击鼠标右键，弹出快捷菜单。

02

选择"打开"选项。

在"网上邻居"窗口中，用户可以查看、复制已存储在 Web 服务器上的文件和文件夹。

03

打开"网上邻居"窗口。

04

单击"查看工作组计算机"超链接。

05

单击"向上"按钮。

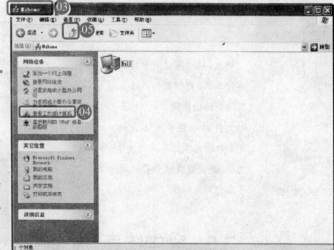

在打开的窗口中，按【Backspace】键，可返回上一级窗口。

06

打开 Microsoft Windows Network 窗口。

07

在 Bs 图标上单击鼠标右键，弹出快捷菜单。

08

选择"打开"选项。

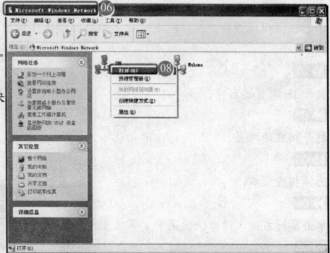

创建工作组之后，必须有两台或两台以上的计算机，才能实现资源互访。

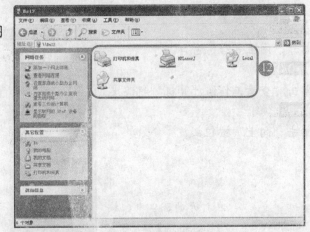

09

打开 Bs 窗口。

10

在需要访问的计算机图标上单击鼠标右键，弹出快捷菜单。

11

选择"打开"选项。

12

打开的相应计算机中的共享资源如右图所示。

注意啦

"网上邻居"窗口中包括共享计算机、打印机和网络上其他资源的快捷方式。只要对文件启动共享网络资源（如打印机或共享文件夹）功能，快捷方式就会自动显示在"网上邻居"中。

7.5　学中练兵——保存网页中的文字

在浏览网页时，常常会有特别经典的文字或其他有用的信息，用户可将其保存到计算机中，以便日后查看。保存网页中文字的具体操作步骤如下：

01

打开 IE 浏览器窗口。

02

打开相应的网页。

03

选择相应文本。

04

单击鼠标右键，弹出快捷菜单。

05

选择"复制"选项。

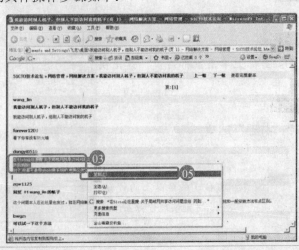

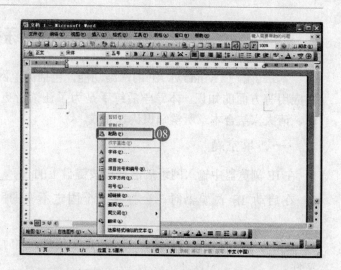

▶▶ 06

打开文本编辑器，如 Word。

▶▶ 07

在文档编辑区的空白位置单击鼠标
右键，弹出快捷菜单。

▶▶ 08

选择"粘贴"选项。

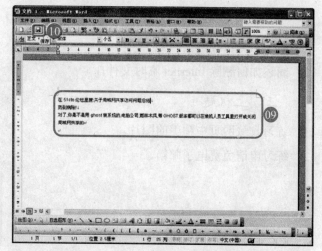

▶▶ 09

即可将文本粘贴至 Word 中。

▶▶ 10

在工具栏中单击"保存"按钮 。

在 Word 中按【Ctrl + S】组
合键，也会弹出"另存为"
对话框。

▶▶ 11

弹出"另存为"对话框。

▶▶ 12

设置文件的保存位置，单击"保存"
按钮，即可将文本保存在本地磁盘。

Word 是常用的文本编辑软
件，一般需要另外安装才能
使用，Windows XP 自带的
文本编辑器主要有记事本
和写字板等。

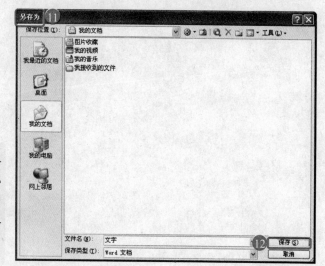

7.6 学后练手

本章讲解了 Windows XP 的网络功能，包括浏览网页、设置 IE、收发电子邮件以及局域网应用等方面的知识。本章学后练手是为了让读者更好地掌握和巩固网络应用的知识与操作，请大家结合本章所学知识认真完成。

一、填空题

1．在 IE 浏览器中输入网址后，直接按键盘上的_____键，也可打开相应网页。

2．在启动 IE 浏览器时，会打开一个固定不变的网页页面，这个页面称为 IE 浏览器的_____。

3．使用电子邮件不仅可以给好友发送文字信息，同时还可以发送图片、_____和_____等文件。

二、简答题

1．简述如何保存网页。

2．简述如何删除 Internet 临时文件。

三、上机题

1．练习收藏网页中精美的图片。

2．练习申请免费电子邮箱。

第 8 章

Windows XP 安全维护

学习安排

本章学习时间安排建议：

总体时间为 3 课时，其中分配 2 课时对照书本学习 Windows XP 的安全维护知识与各项操作，分配 1 课时观看多媒体教程并自行上机进行操作。

学有所成

学完本章，您应能掌握以下技能：

◇　设置开机密码
◇　备份操作系统
◇　使用金山毒霸

随着计算机性能的不断升级，计算机的安全性越来越受到广大用户的关注。本章主要介绍计算机的维护与安全，在学习计算机安全防范措施的同时，还总结了前面所学的知识。

8.1　用户资料安全

用户资料是计算机中最具价值的部分，甚至远大于计算机本身的价值，用户资料的安全性越来越引起用户的重视。

8.1.1　设置开机密码

若用户在安装系统时没有设置开机密码，可通过以下方法进行设置，具体操作步骤如下：

▶▶01

单击"开始"按钮，弹出"开始"菜单。

▶▶02

选择"控制面板"选项。

默认状态下，Windows XP 并没有设置开机密码，任何用户都可打开计算机查看硬盘中的资料。这样使得一些重要的资料的安全性受到威胁，而设置开机密码可以有效地防止其他用户使用计算机。

▶▶03

打开"控制面板"窗口。

▶▶04

在"用户账户"图标上单击鼠标右键，弹出快捷菜单，选择"打开"选项。

在"用户账户"窗口中，用户可以进行一系列关于账户的操作，如创建密码、修改密码和创建账户等。

加－油－站

在安装系统的过程中，用户所设置的系统管理员密码，其实就是开机密码，待系统安装完成重新启动时，用户必须使用这个密码才能登录计算机。

05

单击"计算机管理员"图标。

注意啦

在 Windows XP 中，只有"计算机管理员"账户具有管理计算机的全部权限。

06

打开"用户账户"窗口。

07

单击"创建密码"超链接。

注意啦

在 Windows XP 中，密码是要区分大小写的，即 Password 与 password 被视为两个不同的密码。

08

在"输入一个新密码"文本框中输入密码。

09

在"再次输入密码以确认"文本框中确认密码。

10

在"输入一个单词或短语作为密码提示"文本框中输入密码提示。

11

单击"创建密码"按钮返回上一页面。

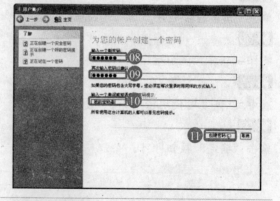

12

单击"关闭"按钮 X 即可。

注意啦

在 Windows XP 中，除了中文字符外，英文字母、阿拉伯数字等字符均可作为密码使用。

8.1.2 设置屏幕保护程序密码

设置屏幕保护程序密码的具体操作步骤如下：

01

在桌面上的空白位置单击鼠标右键，弹出快捷菜单。

02

选择"属性"选项。

屏幕保护程序密码与登录密码相同，如果用户没有设置登录密码，将不能启用屏幕保护密码。

注意啦

03

弹出"显示属性"对话框。

04

单击"屏幕保护程序"选项卡。

05

选择一个屏幕保护程序。

06

选中"在恢复时使用密码保护"复选框。

07

单击"确定"按钮即可。

8.2　文件系统安全

为了保证计算机中存放的一些重要、保密的文件或文件夹不被其他用户有意或无意地损坏，Windows XP 提供个人安全权限、个人文件专用以及文件和文件夹加密等功能，解决了用户的文件和文件夹的安全问题。

8.2.1 创建安全的个人文件夹

在 Windows XP 中，"我的文档"即为用户的个人文件夹。它含有两个特殊的文件夹，即"图片收藏"和"我的音乐"，用户可以将其设置为共享文件或专用文件。下面以"图片收藏"文件夹为例，介绍创建安全的个人文件夹的方法，具体操作步骤如下：

01

在桌面上"我的文档"图标上单击鼠标右键，弹出快捷菜单。

02

选择"打开"选项。

在某些版本的 Windows XP 系统中，"我的文档"文件夹中新增了"我的视频"子文件夹。

03

打开"我的文档"窗口。

04

在"图片收藏"图标上单击鼠标右键，弹出快捷菜单。

05

选择"属性"选项。

06

弹出"图片收藏属性"对话框。

07

在"属性"选项区中单击"高级"按钮。

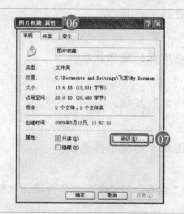

在右图所示的对话框中，显示了"图片收藏"文件夹的大小、创建时间、位置等基本属性。

08

弹出"高级属性"对话框。在"压缩或加密属性"选项区中选中"加密内容以便保护数据"复选框。

09

单击"确定"按钮。

10

返回"图片收藏属性"对话框，单击"关闭"按钮即可。

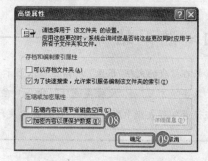

8.2.2 设置文件夹的操作权限

在 Windows XP 中，用户可以设置文件夹的操作权限，从而阻止一些不法的操作。下面以设置"我的文档"文件夹的操作权限为例进行讲解，具体操作步骤如下：

01
在桌面上 "我的文档"图标上单击鼠标右键，弹出快捷菜单。

02
选择"属性"选项。

> 设置文件夹的操作权限，实质上是将文件夹操作（如修改、读取等）的权限分配给指定的用户。
>
> 注意啦

03
弹出"我的文档 属性"对话框。

04
单击"安全"选项卡。

05
选择相应的用户。

06
设置相应用户的操作权限。

07
单击"确定"按钮。

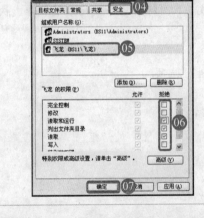

08
弹出右图所示的提示信息框。

09
单击"是"按钮，即可设置文件夹操作权限。

加 - 油 - 站

如果在"我的文档 属性"对话框中未显示"安全"选项卡，可通过以下操作解决：打开"我的电脑"窗口，单击"工具"|"文件夹选项"命令，在弹出的"文件夹选项"对话框中单击"查看"选项卡，在"高级设置"列表框中取消选择"使用简单文件共享（推荐）"复选框即可。

8.3　操作系统安全

　　一个安全而稳定的操作系统，可保证工作和资料的安全，给用户的资料提供了安全保障。而在实际操作过程中，操作系统经常会遇到各种问题。用户可通过一些预防措施，保持系统安全可靠地运行。

8.3.1　备份操作系统

　　操作系统不同于普通文件，备份的方式也有所不同。备份操作系统的具体操作步骤如下：

01
单击"开始"按钮，弹出"开始"菜单。

02
选择"所有程序"选项。

03
选择"附件"选项。

04
选择"系统工具"选项。

05
选择"备份"选项。

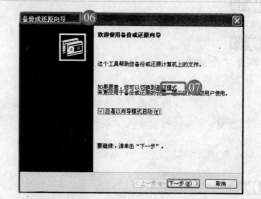

06
弹出"备份或还原向导"对话框。

07
单击"高级模式"超链接。

在"备份或还原向导"对话框中选中"总是以向导模式启动"复选框，可以引导用户完成备份或还原操作。

08
弹出"备份工具-［无标题］"窗口。

09
选择系统所在盘符左侧的复选框。

10
单击"浏览"按钮。

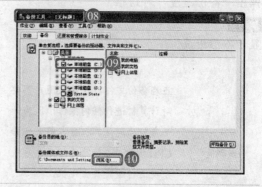

▶▶11

弹出"另存为"对话框。

▶▶12

选择需要存储的位置。

▶▶13

单击"保存"按钮。

注意啦

系统是一个较为庞大的文件集，建议用户将其存储在可移动的大容量磁盘上。

▶▶14

返回"备份工具-[无标题]"窗口。

▶▶15

单击"开始备份"按钮。

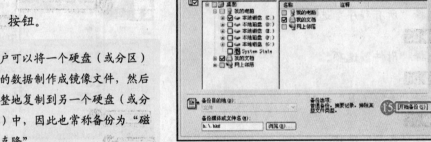

用户可以将一个硬盘（或分区）中的数据制作成镜像文件，然后完整地复制到另一个硬盘（或分区）中，因此也常称备份为"磁盘克隆"。

▶▶16

弹出"备份作业信息"对话框。

▶▶17

单击"开始备份"按钮。

注意啦

在右图所示的对话框中，用户还可以输入"备份描述"，用于今后与其他备份进行区分。

▶▶18

弹出"备份进度"对话框。

▶▶19

显示备份进度。

注意啦

正在备份文件时，建议用户不要对计算机进行任何操作，因为开始备份后，计算机会占用大部分CPU 资源，运行其他程序会导致系统运行缓慢甚至死机。

▶▶20

完成备份后，单击"关闭"按钮即可。

注意啦

> 备份对于普通用户而言，用得最多的就是将系统分区制作成镜像文件，这样一旦系统在使用过程中出现问题，就可以用这个镜像文件将系统恢复到备份时的完好状态。

8.3.2　还原操作系统

　　一般情况下，系统还原是比较稳定的，但有时由于一些未知原因，系统还原时会出现各种不同的问题，此时用户可以将系统还原至某特定时间点，以保证系统的稳定与安全，还原系统的具体操作步骤如下：

▶▶01

单击"开始"｜"所有程序"｜"附件"｜"系统工具"｜"系统还原"命令。

▶▶02

弹出"系统还原"对话框，选中"恢复我的计算机到一个较早的时间"单选按钮。

▶▶03

单击"下一步"按钮。

▶▶04

进入"选择一个还原点"界面。

▶▶05

选择一个已创建的还原点。

▶▶06

单击"下一步"按钮。

▶▶07

根据系统提示，依次单击"下一步"按钮，即可还原系统。

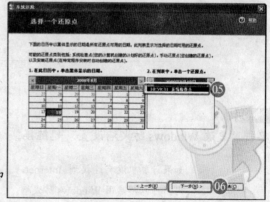

8.4　网络安全

　　在使用计算机进行网络活动时，最怕的就是受到病毒的入侵。病毒是具有破坏能力的程序，如果用户在使用计算机的过程中不加以防范，很有可能会遭到计算机病毒或黑客入侵，从而造成如资料被窃取、删除、修改等不必要的损失，甚至可能导致计算机无法正常启动。

8.4.1　启动 Windows 防火墙

　　Windows XP 自带了一种新的防火墙，可以更好地抵御恶意用户或恶意软件的攻击，有助于保护系统安全。建议用户在使用计算机上网时始终使用防火墙，如果不使用防火墙，就很容易出现安全问题。启用 Windows 防火墙的具体操作步骤如下：

在桌面上的"网上邻居"图标上单击鼠标右键，弹出快捷菜单。

选择"打开"选项。

　　在安装系统时，系统会询问用户是否开启防火墙，如果已经开启，则无需进行此操作。

打开"网上邻居"窗口。

单击"查看网络连接"超链接。

　　如果用户的网络已经有防火墙或代理服务器，则不需要再启用 Windows 防火墙。

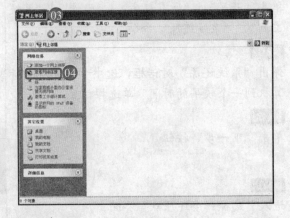

单击"更改 Windows 防火墙设置"超链接。

　　如果计算机没有连接到 Internet，用户可以不启用 Windows 防火墙，因为启用它之后，有时可能会干扰该计算机和局域网络上的其他计算机之间的某些通信。

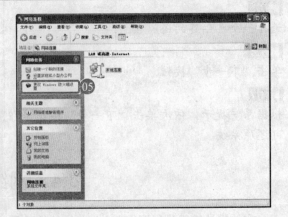

▶▶ 06

弹出"Windows 防火墙"对话框。

▶▶ 07

选中"启用（推荐）"单选按钮。

▶▶ 08

单击"确定"按钮，即可启动 Windows 防火墙。

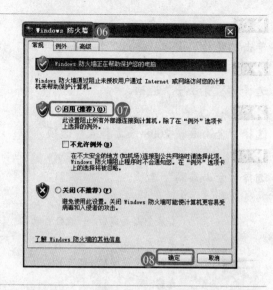

如果用户将计算机连接到公共场所中的网络时，可在"Windows 防火墙"对话框中选中"不允许例外"复选框，则 Windows 防火墙阻止程序运行时，将不会通知用户。

注意啦

8.4.2　清除搜索栏历史记录

在搜索栏输入搜索内容时，默认状态下 IE 会将这些访问记录保存下来，但这些访问记录可能会泄露用户的一些相关信息，给用户造成不必要的麻烦。下面以"百度"搜索栏为例，介绍清除搜索栏访问记录的方法，具体操作步骤如下：

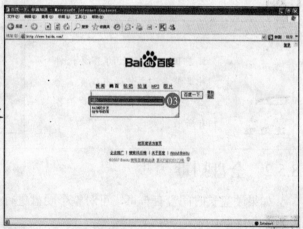

▶▶ 01

打开"百度"首页。

▶▶ 02

在搜索栏中单击鼠标左键，自动弹出历史记录下拉列表。

▶▶ 03

选择需要删除的历史记录。

▶▶ 04

按【Delete】键，即可删除历史记录。

8.5　使用金山毒霸

金山毒霸是金山公司研发的反病毒软件，该软件在易用性方面进行了精心地改进，进一步加强了对病毒、木马程序的防杀功能以及对网络攻击的防护功能。用户可以在金山毒霸的官方网站下载金山毒霸，并进行安装。

8.5.1　启动金山毒霸

要使用金山毒霸保护计算机，首先需启动金山毒霸，启动金山毒霸的具体操作步骤如下：

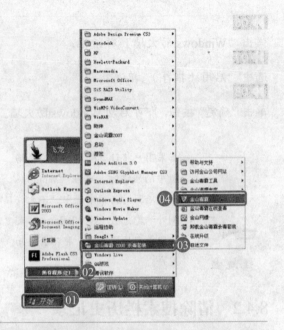

▶ 01

单击"开始"按钮，弹出"开始"菜单。

▶ 02

选择"所有程序"选项。

▶ 03

选择"金山毒霸2008杀毒套装"选项。

▶ 04

选择"金山毒霸"选项。

安装金山毒霸后，一般会自动在桌面上生成快捷方式图标，用户只需双击该图标，即可启动金山毒霸。

▶ 05

启动后的金山毒霸窗口如右图所示。

目前国内市场上的杀毒软件种类繁多，主流的有瑞星、金山、江民等多个品牌，它们各有所长。

8.5.2　全盘扫毒

如果硬盘长时间没有查毒，可对整个硬盘进行全面扫毒，具体操作步骤如下：

▶ 01

打开"金山毒霸2008"窗口。

▶ 02

选择"我的电脑"选项。

▶ 03

单击"查杀病毒木马"按钮。

病毒有不可预见性的特点，即病毒相对于反病毒软件来说，永远都是超前的，都是先出现某种病毒，然后才会有相应的杀毒功能软件产品。

正在扫描您计算机中的恶意软件…

 04

系统开始扫描计算机中的恶意软件。

 05

开始扫描计算机硬盘。

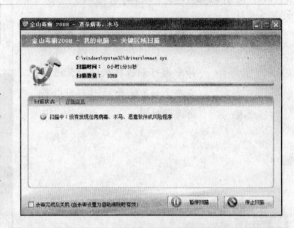

用户需要经常对病毒查杀软件进行升级，随时让杀毒软件的病毒库保持最新。保障计算机的网络安全是十分重要的，在"金山毒霸 2008"主界面中，单击"立即升级"按钮，即可更新病毒库。

注意啦

 06

完成扫描后，会显示完成界面，如右图所示。

由于可移动磁盘经常在不同计算机之间使用，所以成为病毒的主要传播介质，因此建议用户在使用可移动磁盘时应先选用杀毒软件进行检测。

注意啦

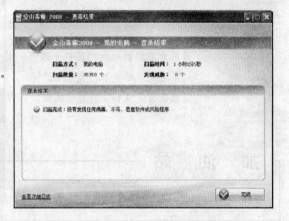

8.5.3　指定路径扫描

全盘扫描花费的时间可能较长，此时用户可以指定路径进行扫描，具体操作步骤如下：

 01

打开"金山毒霸 2008"窗口。

 02

单击"指定路径"超链接。

一般情况下，在"金山毒霸 2008"窗口中，普通用户无需作任何设置，即可进行病毒查杀。

注意啦

选中需扫描盘符左侧的复选框。

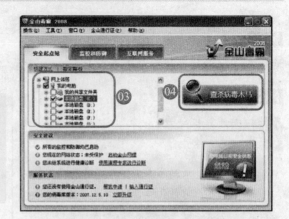

单击"查杀病毒木马"按钮。

一般情况下，用户没有必要对全部分区进行病毒扫描，可选择中毒可能性较大的分区进行查杀（如系统盘），这样可以节省大量时间。

对相应磁盘进行扫描，如右图所示。

若用户在右图所示的窗口中选中"杀毒完成后关机"复选框，系统在杀毒完成后，将自动关机。

加 油 站

选择磁盘时，可以选择单个磁盘，也可以选择多个磁盘，还可以选择特定的文件或文件夹。

8.6 学中练兵——取消使用开机密码

当用户不再需要使用开机密码时，可将密码取消，具体操作步骤如下：

单击"开始"按钮，弹出"开始"菜单。

选择"控制面板"选项。

取消使用开机密码后，屏保密码也同时被取消。

▶▶03

打开"控制面板"窗口。

▶▶04

在"用户账户"图标上单击鼠标右键，弹出快捷菜单。

▶▶05

选择"打开"选项。

▶▶06

打开"用户账户"窗口。

▶▶07

单击计算机管理员图标。

在右图所示的窗口中，灰色图标表示来宾用户，但该用户尚未启用。

注意啦

▶▶08

单击"删除我的密码"超链接。

在右图所示的窗口中，单击"更改我的账户类型"超链接，还可以更改用户的账户类型。

注意啦

▶▶09

显示"您确实要删除您的密码吗？"界面。

▶▶10

输入当前密码。

▶▶11

单击"删除密码"按钮。

▶▶12

返回上一个页面中，单击"关闭"按钮，即可取消使用开机密码。

8.7　学后练手

本章讲解了 Windows XP 的安全维护，包括用户资料安全、文件安全、网络安全以及操作系统安全等。本章学后练手是为了让读者更好地掌握和巩固 Windows XP 的安全维护知识与操作，请大家结合本章所学知识认真完成。

一、填空题

1. 在 Windows XP 中，"_____"为用户的个人文件夹。

2. 用户可以将一个硬盘（或分区）中的数据制作成镜像文件，然后完整地复制到另一个硬盘（或分区）中，因此也常称备份为"_____"。

3. 在 Windows XP 中，只有"_____"账户具有管理计算机的全部权限。

二、简答题

1. 简述设置开机密码的方法。

2. 简述启动 Windows 防火墙的方法。

三、上机题

1. 练习设置文件夹的操作权限。

2. 练习备份系统。

第 9 章

Windows XP 娱乐功能

学习安排

本章学习时间安排建议：

总体时间为 3 课时，其中分配 2 课时对照书本学习 Windows XP 的娱乐功能与各项操作，分配 1 课时观看多媒体教程并自行上机进行操作。

学有所成

学完本章，您应能掌握以下技能：

✧ 使用 Windows Media Player

✧ 使用 Windows Movie Maker

✧ 使用录音机

随着计算机性能的不断升级，计算机的功能越来越受到广大用户的关注。本章主要介绍计算机的娱乐功能。

9.1　使用 Windows Media Player

通过 Windows XP 所带的 Windows Media Player 播放器，可以收听世界各地电台的广播、播放和复制 CD、查找 Internet 上提供的视频，还可以为计算机上所有的数字媒体文件创建自定义列表。

9.1.1　启动 Windows Media Player

启动 Windows Media Player 和启动其他应用程序一样，具体的操作步骤如下：

单击"开始"按钮，弹出"开始"菜单。

选择"所有程序"选项。

选择 Windows Media Player 选项。

Windows Media Player 播放器是 Windows XP 提供的主要媒体播放工具，可以播放各种形式的多媒体文件（如各种格式的音乐、视频作品等），还可以控制硬件设置。

注意啦

右图所示为 Windows Media Player 窗口。

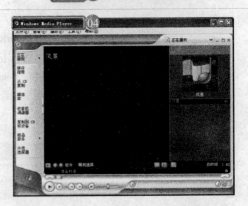

播放网络上的视频文件时，会遇到 Windows Media Player 不能播放的文件，这可能是 Windows Media Player 的版本太低引起的，用户需在适当的时候对 Windows Media Player 进行升级。

注意啦

加－油－站

除了播放本地磁盘上的声音和视频文件外，Windows Media Player 还可以播放网络上的视频文件。

9.1.2　播放音乐

　　用户的计算机中如果安装了声卡、音箱等设备，就可以利用媒体播放器来播放音频文件了。使用 Windows Media Player 播放音乐文件的具体操作步骤如下：

打开 Windows Media Player 窗口。

02

单击"文件"命令。

03

单击"打开"命令。

　　将 CD 光盘放入光驱时，会弹出一个 Audio CD 对话框，选择"使用 Windows Media Player 播放 CD"选项，用户即可播放 CD 音乐。

弹出"打开"对话框。

05

选择需要播放的声音文件。

06

单击"打开"按钮即可。

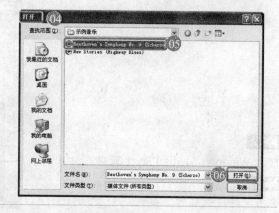

　　一般声音文件默认使用的播放器为 Windows Media Player，用户只需双击该文件，即可使用 Windows Media Player 播放该文件。

9.1.3　添加可视化效果

　　在播放音乐时，用户可添加一些可视化效果，增强音乐氛围。在 Windows Media Player 中添加可视化效果的具体操作步骤如下：

01

在 Windows Media Player 播放界面中，单击鼠标右键，弹出快捷菜单。

02

选择"氛围"|"晕眩"选项。

　　可视化效果是随着音频节奏变化而变化的几何形状和一些变化的彩色线条。

03

播放声音文件，即可显示相应的可视化效果。

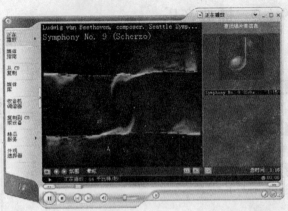

当鼠标指针离开 Windows Media Player 的菜单栏时，Windows Media Player 的菜单栏将隐藏，再次将鼠标指针移至菜单栏处，可显示菜单栏。

注意啦

9.1.4 更换 Windows Media Player 外观

Windows Media Player 内置了多款外观供用户选择，更换 Windows Media Player 外观的具体操作步骤如下：

01

打开 Windows Media Player 窗口。

02

单击"外观选择器"按钮。

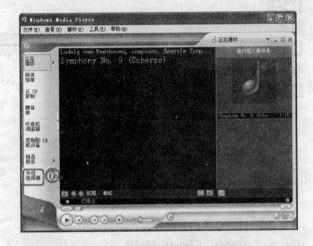

03

选择相应的外观。

04

单击"应用外观"按钮。

系统提供了三种不同的外观供用户选择，分别为 compact、Corporate 和 Revert。

注意啦

▶▶05

更换 Windows Media Player 外观后的效果如右图所示。

注意啦

除了 Windows XP 自带的多媒体软件外，还有很多第三方多媒体软件也非常优秀，如全能视频播放软件 Media Player Classic、音乐精灵 Winamp 以及流行的千千静听等。

9.1.5　设置 Windows Media Player 颜色

用户可以通过 Windows Media Player 的增强功能更换播放器的颜色，具体的操作步骤如下：

▶▶01

打开 Windows Media Player 窗口。

▶▶02

单击"查看"菜单。

▶▶03

单击"增强功能"命令。

▶▶04

单击"颜色选择器"命令。

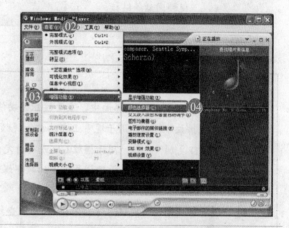

▶▶05

移动"色调"滑块，调整色调。

▶▶06

移动"饱和度"滑块，调整颜色的饱和度。

▶▶07

单击"关闭"按钮，即完成 Windows Media Player 颜色的设置，效果如右图所示。

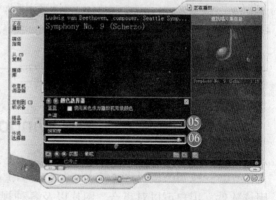

9.1.6　在线收听广播

Internet 上有着丰富的多媒体资源，如电影、广播、动画、音乐等，使用 Windows Media Player 播放器可以轻松获得所需资源。使用 Windows Media Player 在线收听广播的具体操作步骤如下：

01

打开 Windows Media Player 窗口。

02

单击"指南"按钮，在下侧的页面中单击相应的超链接即可，即可打开相应网页。

"指南"就像一份电子杂志，每天都进行更新。其中含有与 Internet 上最新最大众化的电影、音乐和视频网站等链接。

注意啦

加—油—站

在 Windows Media Player 界面中，主要按钮的功能如下：

● "正在播放"按钮：用于观看正在播放的视频或可视化效果。

● "从 CD 复制"按钮：用于播放 CD 或将特定曲目复制到计算机上的媒体库中。

● "媒体库"按钮：用于管理计算机上的数字媒体文件以及指向 Internet 上的内容链接，也可用于创建音频和视频内容播放列表。

● "收音机调谐器"按钮：用于在 Internet 上查找并收听广播电台内容的，并为最喜爱的电台创建预置，以便今后可以迅速找到相应电台。

● "复制到 CD 或设备"按钮：用于将计算机中的音乐文件刻录到可写入的 CD 上。

● "外观选择器"按钮：用于选择不同外观样式的播放界面。

9.2　使用 Windows Movie Maker

Windows Movie Maker 是 Windows XP 中用于创建家庭电影文件的一个多媒体软件。使用该软件，用户可以对声音、图片以及各种视频文件进行编辑和整理，制作出电影片断，还可以在其中编辑、添加声音文件。

9.2.1　启动 Windows Movie Maker

启动 Windows Movie Maker 的具体操作步骤如下：

单击"开始"按钮，弹出"开始"菜单。

选择"所有程序"选项。

选择 Windows Movie Maker 选项。

使用 Windows Movie Maker 软件，可以模拟便携式摄像机或数字视频照相机等设备，将录制的视频或音频转移到计算机中。

打开 Windows Movie Maker 窗口。

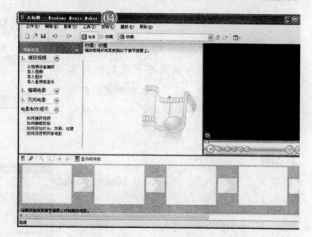

Windows Movie Maker 除了可以使用用户录制的内容外，还可以在所创建的电影中导入要使用的现有音频和视频文件。

加-油-站

　　如果"所有程序"菜单中没有显示 Windows Movie Maker 选项，用户只需单击"开始"｜"运行"命令，在"运行"对话框的"打开"下拉列表框中输入 C:\Program Files\Movie Maker，单击"确定"按钮，然后在打开的相应窗口中双击 movie mk.exe 图标，即可启动 Windows Movie Maker。

9.2.2　导入素材

　　要将图像素材制作成电影，需先将图像素材导入到 Windows Movie Maker 中，具体的操作步骤如下：

▶▶01

打开 Windows Movie Maker 窗口。

▶▶02

单击"文件"菜单。

▶▶03

单击"导入到收藏"命令。

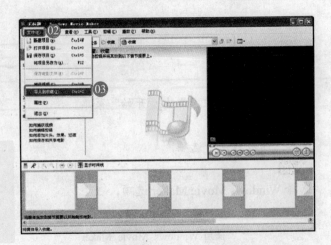

用户还可以直接导入视频文件，但导入的视频文件如果过大，会花费较多的时间。

注意啦

▶▶04

弹出"导入文件"对话框。

▶▶05

选择需要的图片。

▶▶06

单击"导入"按钮。

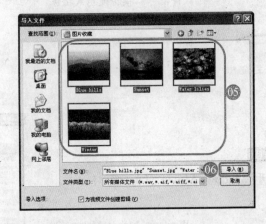

Widows Movie Maker 除了可以使用用户录制的内容外，还可以在所创建的电影中导入要使用的现有音频和视频文件。

注意啦

▶▶07

将图片素材导入到 Windows Movie Maker 后，如右图所示。

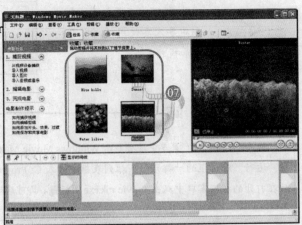

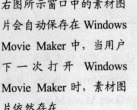

右图所示窗口中的素材图片会自动保存在 Windows Movie Maker 中，当用户下一次打开 Windows Movie Maker 时，素材图片依然存在。

注意啦

9.2.3 将图片添加至情节提要

将图片添加至情节提要的具体操作步骤如下：

在 Windows Movie Maker 中全选上述添加的
图片素材。

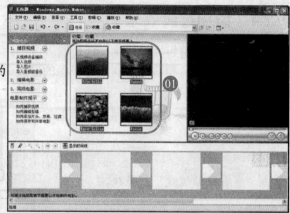

> 选择相应的图片素材，按住鼠
> 标左键并拖动鼠标至情节提
> 要处，可将单张图片素材添加
> 至情节提要。

注意啦

单击"剪辑"菜单。

单击"添加至情节提要"命令。

> 选择一张图片，然后按【Ctrl
> +D】组合键，也可将该图片素
> 材导入至情节提要。

注意啦

将图片添加至情节提要后如右图所示。

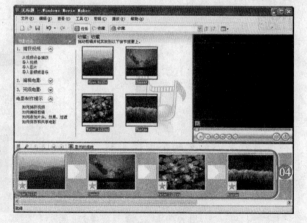

> 将图片添加至情节提要后，即
> 可在预览窗口中单击"播放"
> 按钮，观看视频效果。

注意啦

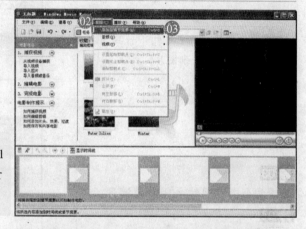

加 — 油 — 站

　　当创建一个新的电影文件时，源图像的获取是一项首要工作。用户可以导入一些已经存在的音频或
视频文件；也可以通过数码相机或摄像机来录制所需的媒体文件。

9.2.4　添加过渡效果

　　直接将两个剪辑连接起来，切换效果可能会显得有些生硬，不够流畅，使用过渡方式可以在电影中的照片和剪辑之间进行平稳的过渡。添加过渡效果的具体操作步骤如下：

01
在"电影任务"任务窗格中单击"编辑电影"按钮。

02
单击"查看视频过渡"超链接。

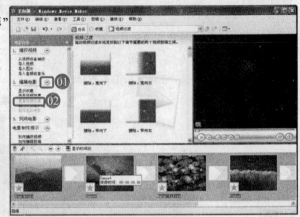

注意啦

视频过渡效果可控制电影如何从一段剪辑或一张图片过渡到下一段剪辑或下一张图片。

03
选择两个图片剪辑之间的过渡区。

04
选择一个过渡效果。

05
单击"剪辑"菜单。

06
单击"添加至情节提要"命令。

07
将过渡效果添加至两个图像剪辑之间后，如右图所示。

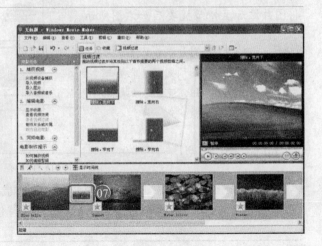

注意啦

用户可以在情节提要/时间线上两张图片、两段剪辑或两组片头之间以任意的组合方式添加过渡。过渡在一段剪辑刚结束、而另一段剪辑开始时进行播放。

加 油 站

　　用户还可用同样的方法为图像剪辑添加视频效果。视频效果位于"编辑电影"任务窗格中，其决定了视频剪辑、图片或片头在项目及最终电影中的显示方式。用户可以通过视频效果将特殊效果添加到电影中。在视频剪辑、图片或片头的整个显示过程中都可以应用视频效果。

9.2.5　插入音频

　　视频制作好以后，接下来的音频制作也很重要，在 Windows Movie Maker 中插入音频的具体操作步骤如下：

01
在"电影任务"任务窗格中展开"捕获视频"选项区。
02
单击"导入音频或音乐"超链接。

注意啦

用户插入的音乐文件可以是从网络上下载的音乐，也可以是在 Windows Movie Maker 中录制的声音文件。

03
弹出"导入文件"对话框。
04
选择需要的音频文件。
05
单击"导入"按钮。

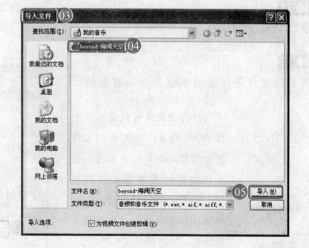

注意啦

在制作电影时，如果音频文件播放的时间太短，可以添加多个音频文件。

06

将文件导入 Windows Movie Maker 后如右图所示。

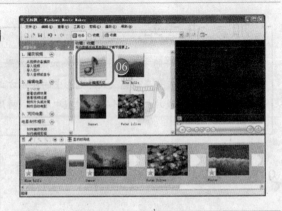

注意啦

用户还可以录制声音。录制声音文件的方法是：在右图所示的窗口中，单击"旁白时间线"按钮 🔧，然后在"旁白时间线"选项区中单击"开始旁白"按钮，即可开始录制声音。

加 — 油 — 站

在 Windows Movie Maker 主界面中，单击"显示时间线"按钮，可显示或隐藏音频文件。

07

选择音频文件。

08

单击"剪辑"菜单。

09

单击"添加至情节提要"命令。

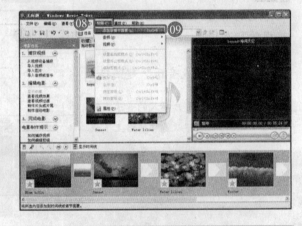

注意啦

只有添加至情节提要的声音或图像文件，在最终的电影文件中才可体现出来。

10

弹出提示信息框。

11

单击"确定"按钮。

12

将音频文件导入至情节提要后如右图所示。

注意啦

导入的音频文件可能会比电影情节长，用户可以对音频文件进行裁剪。裁剪的方法为：将鼠标指针移至音频文件边框处，当鼠标指针呈 ⬌ 形状时，按住鼠标左键并拖动鼠标至目标位置，然后释放鼠标即可。

9.2.6　保存电影

视频制作好以后，就可以将其保存为电影了。保存电影的具体操作步骤如下：

01
在"电影任务"任务窗格中展开"完成电影"选项区。

02
单击"保存到我的计算机"超链接。

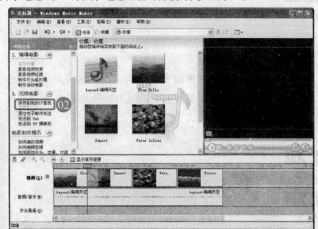

在右图所示的窗口中，单击"电影制作提示"按钮，然后再单击"如何保存和共享电影"超链接，可获得帮助信息

03
弹出"保存电影向导"对话框。

04
输入文件名。

05
单击"浏览"按钮。

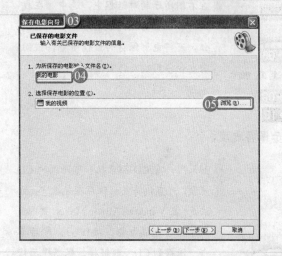

使用"保存电影向导"可以快速将项目保存为最终电影。

06
弹出"浏览文件夹"对话框。

07
选择需要保存的位置。

08
单击"确定"按钮。

您可以将电影保存到计算机或可写入的 CD 上、以电子邮件附件的形式发送给 Web 上的视频宿主提供商。此外，用户还可以选择将电影录制到 DV 磁带上。

返回"保存电影向导"对话框。

单击"下一步"按钮。

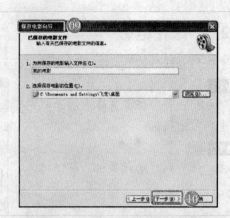

一般的电影文件都较大，建议用户在保存电影文件时，选择一个容量较大的磁盘。

显示"电影设置"界面。

单击"下一步"按钮。

在右图所示的对话框中，选中"在我的计算机上播放的最佳质量"单选按钮，可将电影保存为最佳质量，但同时也会占用较大的空间。

显示保存进度。

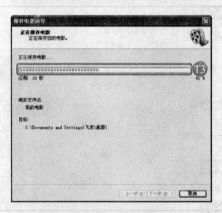

如果用户有 CD 刻录机和可写入的 CD 光盘，可直接将电影保存在光盘中，方法是：在 Windows Movie Maker 主界面中单击"完成电影"按钮，然后单击"保存到 CD"超链接，根据提示信息进行操作即可。

单击"完成"按钮。

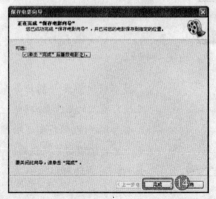

在右图所示的对话框中，若选中"单击'完成'后播放电影"复选框，则单击"完成"按钮后，系统将自动播放保存在计算机中的电影文件，若用户的计算机中已安装了视频播放器（如暴风影音），系统将自动启动播放器并播放电影。

加－油－站

用户可通过专业软件对制作电影的图片进行优化，再进行制作，从而减小文件的大小。

15

将电影保存到桌面后，如右图所示。

如果电影文件较大，需要花费一定的时间进行保存，建议用户在制作电影时要考虑到计算机的配置，先进行相应的设置，然后再进行保存。

9.3 使用录音机

用 Windows XP 自带的录音机实用程序可以完成录音、放音、编辑、剪切声音等操作。

9.3.1 启动录音机

要使用录音机，首先需将其启动。启动录音机的具体操作步骤如下：

01

单击"开始"按钮，弹出"开始"菜单。

02

选择"所有程序"选项。

03

选择"附件"选项。

04

选择"娱乐"选项。

05

选择"录音机"选项。

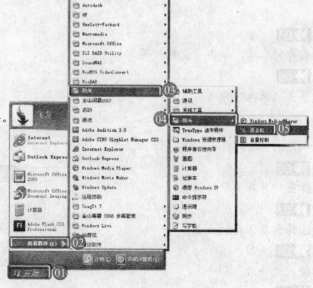

打开的"声音-录音机"窗口。

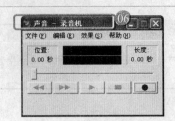

> 使用录音机时，计算机需要安
> 装声卡和音箱，录制声音时还
> 需要安装一个话筒。
>
> 注意啦

9.3.2 录制声音

录制声音的方法非常简单，具体操作步骤如下：

打开"声音-录音机"窗口。

单击"录音"按钮 ● 。

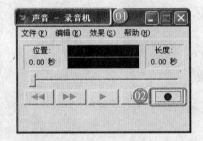

> 正在录音时，用户可单击"停止"
> 按钮 ■ 暂停录音，然后单击
> "录音"按钮 ● 可继续录音。
>
> 注意啦

显示录音进度。

> "录音机"程序不能编辑压缩的
> 声音文件。更改压缩声音的文件
> 格式，可将文件改为可编辑的未
> 压缩文件。
>
> 注意啦

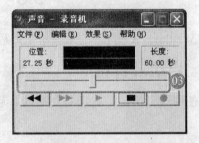

录音完毕后，单击"文件"菜单。

单击"保存"命令。

弹出"另存为"对话框。

选择需要保存的位置。

输入文件名。

单击"保存"按钮，保存文件。

9.4　学中练兵——调整声音质量

通过本章的学习，读者可以在计算机中使用各种自带软件观看影片、制作电影或录制声音。通过本实例的学习，大家可以掌握更多使用录音机的方法，具体的操作步骤如下：

01

打开"声音-录音机"窗口。

02

单击"文件"菜单。

03

单击"打开"命令。

注意啦

将声音文件直接拖曳至"声音-录音机"窗口中，也可打开相应声音文件。

04

弹出"打开"对话框。

05

选择相应的声音文件，如右图所示。

06

单击"打开"按钮。

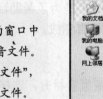
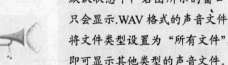

注意啦

默认状态下，右图所示的窗口中只会显示.WAV 格式的声音文件。将文件类型设置为"所有文件"，即可显示其他类型的声音文件。

07

返回录音机窗口。

08

单击"文件"菜单。

09

单击"属性"命令。

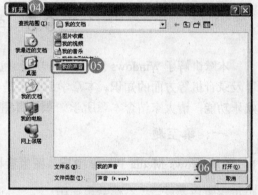

注意啦

打开一个声音文件后，单击"效果"|"加速"命令，可调整声音文件的播放速度。

10

弹出"我的声音.wav 的属性"对话框。

11

单击"立即转换"按钮。

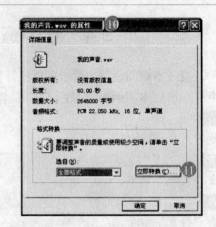

在音频文件的属性对话框中，显示了音频文件的版权、长度、数据大小以及音频格式等基本信息。

注意啦

12

弹出"声音选定"对话框。

13

在"名称"下拉列表框中选择名称。

14

单击"确定"按钮，返回相应对话框，单击"关闭"按钮，即可调整声音的质量。

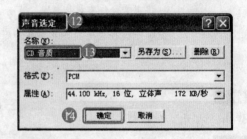

9.5　学后练手

　　本章讲解了 Windows XP 的娱乐功能，包括 Windows Media Player、Windows Movie Maker 以及录音机等方面的知识。本章学后练手是为了帮助读者更好地掌握和巩固 Windows XP 的娱乐功能，请大家结合本章所学知识认真完成。

一、填空题

1. 在 Windows Media Player 中导入图像素材时，选择一张图片，然后按＿＿＿＿组合键，也可将图片素材导入至情节提要中。

2. 使用"录音机"录制的声音，默认保存为＿＿＿＿格式。

二、简答题

1. 简述在 Windows Media Player 中添加可视化效果的方法。

2. 如何使用 Windows XP 中自带的"录音机"录制声音？

三、上机题

1. 使用 Windows Media Player 播放声音文件。

2. 使用 Windows Movie Maker 制作电子相册。

第 10 章

Windows XP 高级管理

学习安排

本章学习时间安排建议：

总体时间为 3 课时，其中分配 2 课时对照书本学习 Windows XP 的高级管理知识与操作，分配 1 课时观看多媒体教程并自行上机进行操作。

学有所成

学完本章，您应能掌握以下技能：

◇ 使用控制面板
◇ 管理硬件
◇ 管理系统资源

　　在 Windows XP 中，内置了很多系统工具和辅助工具，用来进行系统管理和辅助操作。这些工具是在 Windows XP 安装过程中默认添加到操作系统中的。本章介绍 Windows XP 的高级管理知识。

10.1　使用"控制面板"

　　"控制面板"提供了一组特殊用途的管理工具，使用这些工具可以配置 Windows 的应用程序和服务环境。

10.1.1　启动"控制面板"

　　启动"控制面板"的具体操作步骤如下：

▶▶ 01

单击"开始"按钮，弹出"开始"菜单。

▶▶ 02

选择"控制面板"选项。

▶▶ 03

打开的"控制面板"窗口如右图所示。

注意啦

　　"控制面板"是 Windows XP 提供的专门用于查看计算机系统性能和进行相关设置的工具，用它可以对系统进行各种设置，使系统更具个性化。

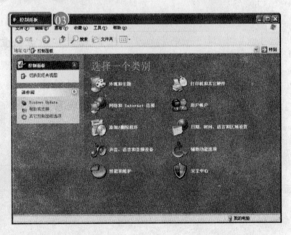

10.1.2　切换"控制面板"视图

　　在 Windows XP 中，"控制面板"有两种不同的显示模式，分别为"经典视图"和"分类视图"，用户可根据需要，使用不同的视图查看"控制面板"中的内容。切换"控制面板"视图的具体操作步骤如下：

打开"控制面板"窗口。

在"控制面板"窗口的左侧窗格中单击"切换到经典视图"超链接。

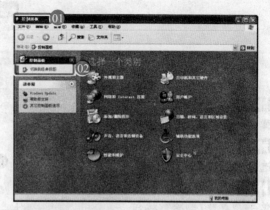

在分类视图中，Windows XP 对"控制面板"中的各项工具进行了分类，这样可方便用户进行查找。

将"控制面板"切换至经典视图后的效果如右图所示。

在经典视图中，Windows XP 将"控制面板"中的所有工具图标显示在窗口中，这样用户直接双击某图标，即可打开相应窗口并进行设置。

加 油 站

在"我的电脑"窗口的左侧窗格中单击"控制面板"超链接，也可打开"控制面板"窗口。

10.1.3　删除应用程序

当计算机中的应用程序过多，或者不需要某些应用程序时，可将其卸载。下面以删除"超级旋风"程序为例，介绍在"控制面板"中卸载应用程序的方法，具体操作步骤如下：

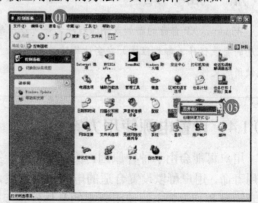

打开"控制面板"窗口。

在"添加或删除程序"图标上单击鼠标右键，弹出快捷菜单。

选择"打开"选项。

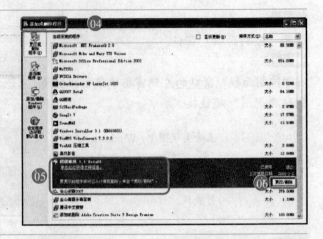

▶▶ 04

弹出"添加或删除程序"窗口。

▶▶ 05

选择"超级旋风"选项。

▶▶ 06

单击"更改/删除"按钮。

▶▶ 07

弹出超级旋风卸载窗口。

▶▶ 08

单击"卸载"按钮。

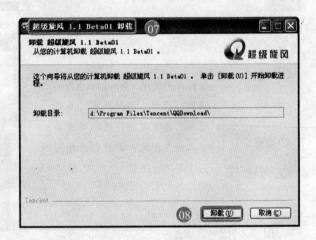

卸载界面随应用程序的不同而不同，卸载过程中还可能和用户进行交互，需要用户提供一些卸载信息。

注意啦

▶▶ 09

卸载完成后，会弹出如右图所示的提示信息框。

▶▶ 10

单击"确定"按钮即可。

加 油 站

　　Windows XP 自身的添加或删除程序向导可以跟踪并分析系统注册表中的应用程序组件，然后用应用程序的安装程序（卸载程序）安全地删除应用程序，这样可以避免删除某些共享文件和其他应用程序正在使用的文件。

10.1.4 设置电源使用方案

　　用户可能会由于种种原因，长时间不对计算机进行操作，为了节约电能和延长计算机的使用寿命，用户可以设置合适的电源使用方案，如在一定的时间内关闭计算机或者关闭硬盘及其他设备。设置电源使用方案的具体操作步骤如下：

01

打开 "控制面板" 窗口。

02

在 "电源选项" 图标上单击鼠标右键, 弹出快捷菜单。

03

选择 "打开" 选项。

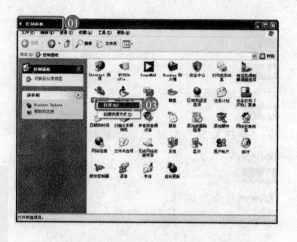

注意啦

用 Windows XP 提供的电源使用方案, 可以减少计算机的功耗, 进一步保护显示器, 延长硬盘的使用寿命。

04

弹出 "电源选项 属性" 对话框。

05

在 "电源使用方案" 下拉列表框中选择需要的方案。

06

设置 "关闭监视器"、"关闭硬盘" 和 "系统待机" 时间。

07

单击 "确定" 按钮, 即可应用电源使用方案。

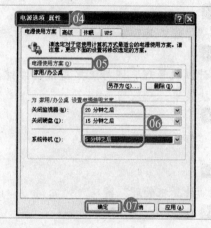

加 — 油 — 站

　电源使用方案不同于屏幕保护程序, 屏幕保护时硬盘仍然在工作, 监视器处于一种低辐射状态, 但并未关闭, 而设置电源使用方案时, 用户可以设置在一定时间内关闭硬盘和监视器。

10.2　管理硬件

　　计算机硬件设置大致分为两类, 即外置设备和内置设备。处置设备指鼠标、键盘、显示器、扫描仪等物理实体, 这些设置需要通过数据线与计算机连起来。内置设备则包括硬盘、处理器、内存、显卡、网卡以及其他扩展卡之类的设备, 为了获得更为出色的性能, 在使用计算机的过程中需要经常升级已有的硬件驱动程序。

10.2.1　查看硬件设备的属性

　　用户要管理计算机的硬件资源, 需要经常查看硬件的属性设置, 这不仅有助于用户了解当前硬件设备的运行状况, 还能够得知硬件所使用的驱动程序版本及其他相关信息, 以便始终让硬件设备运行在最佳状态。

01
打开"控制面板"窗口。

02
在"管理工具"图标上单击鼠标右键，弹出快捷菜单。

03
选择"打开"选项。

04
打开"管理工具"窗口。

05
在"计算机管理"图标上单击鼠标右键，弹出快捷菜单。

06
选择"打开"选项。

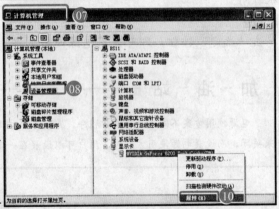

07
弹出"计算机管理"窗口。

08
在该窗口的左侧窗格中选择"设备管理器"选项。

09
单击"显示卡"选项左侧的加号，展开"显示卡"子层级。

10
在相应的硬件上单击鼠标右键，弹出快捷菜单，选择"属性"选项。

11
弹出相应的硬件属性对话框，即可查看该硬件的属性。

注意啦

选择"驱动程序"、"详细信息"、"资源"等选项卡，还可以查看硬件的类型、占用的资源、运行状况以及驱动程序的版本等方面的内容。

10.2.2　更新硬件设备驱动程序

　　当安装硬件设备驱动程序后，用户可以根据需要对其进行更新。当驱动程序被更新之后，能够更好地支持硬件设置，提高硬件的整体性能。下面以更新网卡驱动程序为例，向读者介绍更新硬件设备驱动程序的方法，具体操作步骤如下：

01

在"我的电脑"图标上单击鼠标右键，弹出快捷菜单。

02

选择"管理"选项。

03

打开"计算机管理"窗口。

04

在该窗口的左侧窗格中选择"设备管理器"选项。

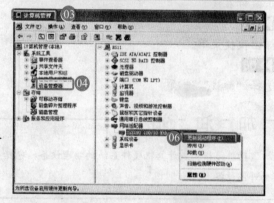

05

在右侧窗格中展开"网络适配器"子层级。在相应硬件上单击鼠标右键，弹出快捷菜单。

06

选择"更新驱动程序"选项。

07

弹出"硬件更新向导"对话框

08

选中"自动安装软件（推荐）"单选按钮。

09

单击"下一步"按钮，即可更新驱动程序。

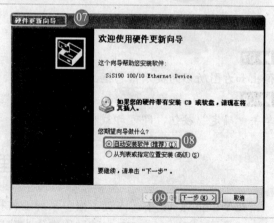

用户若选中"从列表或指定位置安装"单选按钮，可自定义选择驱动程序进行更新。

10.2.3　卸载硬件设备

　　在使用计算机的过程中，如果遇到某些硬件设备暂时不需要，或者该设备同其他设备发生冲突，则可以在 Windows XP 系统中卸载该设备。下面以卸载网卡为例，介绍卸载硬件设备的方法，具体操作步骤如下：

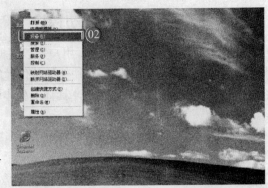

01

在"我的电脑"图标上单击鼠标右键，弹出快捷菜单。

02

选择"属性"选项，在弹出的对话框中单击"硬件"选项卡，然后单击"设备管理器"按钮。

03

打开"设备管理器"窗口。

04

展开"网络适配器"子层级，在相应选项上单击鼠标右键。

05

弹出快捷菜单。

06

选择"卸载"选项。

加 油 站

　　硬件是指构成计算机硬件系统的物理设备，包括生产计算机时连接到计算机上的设备以及后来添加的外围设备。

07

弹出如右图所示的提示信息框。

08

单击"确定"按钮，即可卸载相应设备。

10.3　管理系统资源

　　在 Windows XP 中，内置了很多系统工具和辅助工具，用来进行系统管理和辅助操作，这些工具是在 Windows XP 安装过程中作为默认的系统组件添加到操作系统当中的。

10.3.1　检查磁盘

　　Windows XP 经过一段时间的运行后，由于非正常关机等原因，在磁盘上将产生文件错误，导致部分应用程序不能正常运行，甚至造成频繁死机。此时，用户可以用磁盘检查工具检查和修复这些错误，具体操作步骤如下：

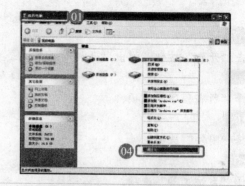

01

打开"我的电脑"窗口。

02

在需要检查的磁盘盘符上单击鼠标右键。

03

弹出快捷菜单。

04

选择"属性"选项。

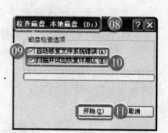

05

弹出本地磁盘属性对话框。

06

单击"工具"选项卡。

07

在"查错"选项区中单击"开始检查"按钮。

08

弹出"检查磁盘 本地磁盘"对话框。

09

选中"自动修复文件系统错误"复选框。

10

选中"扫描并试图恢复坏扇区"复选框。

11

单击"开始"按钮。

12

系统自动检查完成后,会弹出如右图所示的提示信息框。

13

单击"确定"按钮即可。

加 - 油 - 站

如果用户在检查磁盘对话框中选中"自动修复文件系统错误"和"扫描并试图恢复坏扇区"复选框,不但可以检查磁盘,还可以对损坏的扇区进行修复。

10.3.2　整理磁盘碎片

硬盘经过长时间运行后,会产生许多磁盘碎片,磁盘碎片过多会严重影响系统的运行速度,此时可通过磁盘碎片整理程序进行整理,具体操作步骤如下:

▶ 01

单击"开始"按钮，弹出"开始"菜单。

▶ 02

选择"所有程序"选项。

▶ 03

选择"附件"选项。

▶ 04

选择"系统工具"选项。

▶ 05

选择"磁盘碎片整理程序"选项。

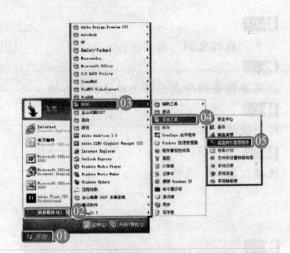

▶ 06

打开"磁盘碎片整理程序"窗口。

▶ 07

选择需要整理的盘符。

▶ 08

单击"碎片整理"按钮。

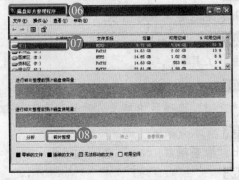

 在磁盘碎片整理之前，用户可在右图所示的对话框中单击"分析"按钮，对磁盘文件进行分析。

▶ 09

系统开始自动整理磁盘碎片。

 频繁对磁盘进行碎片整理，也会缩短磁盘的使用寿命，建议用户不要频繁使用该程序。

▶ 10

整理完成后，会弹出如右图所示的提示信息框。

▶ 11

单击"关闭"按钮，即可结束整理磁盘碎片操作。

加 油 站

整理磁盘碎片时，需关闭所有的应用程序，包括屏幕保护程序，最好将虚拟内存的大小设置为固定值，不要对磁盘进行读写操作，一旦碎片整理程序发现磁盘的文件有改变，将重新开始整理。

10.3.3 清理磁盘

用户使用计算机一段时间后，会发现计算机的性能大不如从前，这时用户可对磁盘进行清理，下面以清理 C 盘为例，介绍磁盘清理的方法，具体操作步骤如下：

01
单击"开始"按钮，弹出"开始"菜单。
02
选择"所有程序"选项。
03
选择"附件"选项。
04
选择"系统工具"选项。
05
选择"磁盘清理"选项。

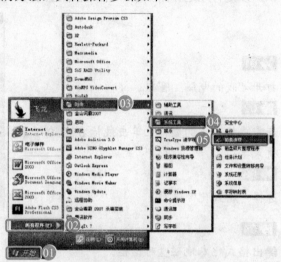

06
弹出"选择驱动器"对话框。
07
单击"确定"按钮。

08
弹出"(C:) 的磁盘清理"对话框。
09
单击"确定"按钮，弹出提示信息框。

注意啦

使用磁盘清理程序可以删除临时文件、Internet 缓存文件和不需要的文件，从而提高系统的性能。

10
单击"是"按钮，系统将自动清理磁盘。

注意啦

清理磁盘后，磁盘容量会明显增加。用户可以在驱动器上单击鼠标右键，在弹出的快捷菜单中选择"属性"选项，在弹出的"本地磁盘属性"对话框中可查看其容量。

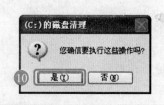

10.3.4 格式化磁盘

从原理上来说，格式化磁盘是指在磁盘内进行存储区分割，作为内部分区的初始化标识，以便有序地存储数据。格式化磁盘的具体操作步骤如下：

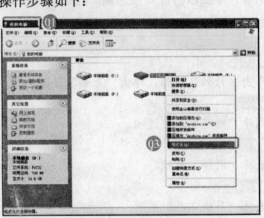

▶▶ 01

打开"我的电脑"窗口。

▶▶ 02

在需要格式化的盘符上单击鼠标右键，弹出快捷菜单。

▶▶ 03

选择"格式化"选项。

▶▶ 04

弹出格式化本地磁盘对话框。

▶▶ 05

设置文件系统、分配单元大小和卷标等选项。

▶▶ 06

单击"开始"按钮，系统将自动格式化磁盘。

 格式化磁盘对磁盘有一定的损害，而且格式化后该磁盘中的数据将无法恢复。

注意啦

10.3.5 数据备份

为了防止磁盘驱动器损坏、感染病毒、供电中断等意外故障造成的数据丢失和损坏，用户应定期备份计算机中的数据。备份数据的具体操作步骤如下：

▶▶ 01

单击"开始"按钮，弹出"开始"菜单。

▶▶ 02

选择"所有程序"选项。

▶▶ 03

选择"附件"选项。

▶▶ 04

选择"系统工具"选项。

▶▶ 05

选择"备份"选项。

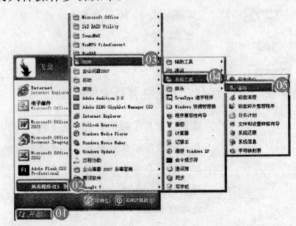

▶06

弹出"备份或还原向导"对话框。

▶07

单击"下一步"按钮。

数据备份其实是将文件复制一个副本并放到一个较为安全的位置进行保存，当文件遭到破坏时，可以从副本还原。

▶08

选中"备份文件和设置"单选按钮，单击"下一步"按钮。

将已备份的文件还原的操作与文件备份操作类似。在右图所示的对话框中，选中"还原文件和设置"单选按钮，然后根据系统提示进行操作即可还原备份。

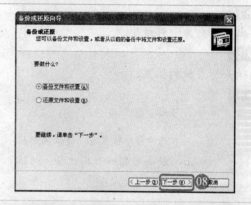

▶09

选中"让我选择要备份的内容"单选按钮。

▶10

单击"下一步"按钮。

在右图所示的对话框中选中"这台计算机上的所有信息"单选按钮，可对所有文件进行备份，但如果文件量很大，会耗费大量的备份时间。

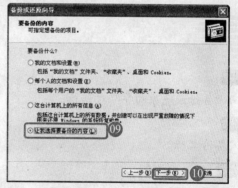

▶11

选中需要备份文件左侧的复选框。

▶12

单击"下一步"按钮。

在右图所示的对话框中，双击左侧列表框中的某个项目可查看其内容，然后在右侧列表框中选中需要备份文件的复选框。

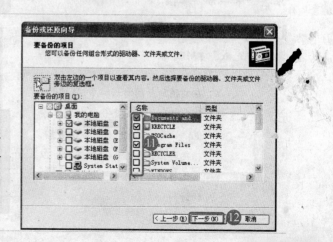

13

单击"浏览"按钮。

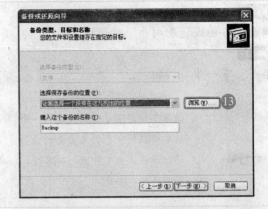

用户可以将文件备份到可移动设备上，当硬盘出现问题时，可及时从可移动设备上得到恢复。

注意啦

14

弹出"另存为"对话框。

15

选择备份存放的位置。

16

单击"保存"按钮。

在选择备份位置时，建议用户将文件备份到一个相对安全的位置，如光盘。

注意啦

17

返回"备份或还原向导"对话框。

18

输入备份名称。

19

单击"下一步"按钮。

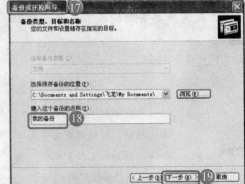
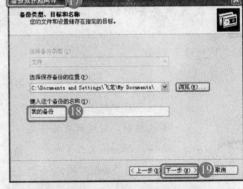

20

单击"完成"按钮。

在右图所示的对话框中，单击"高级"按钮，可对备份进行高级设置，如设置备份计划、备份类型、指定验证、压缩和快照选项，以及选择改写数据或者限制对数据的访问。

注意啦

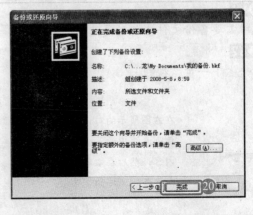

弹出"备份进度"对话框，显示备份进度，完成后，在弹出的提示信息框中单击"完成"按钮即可。

在右图所示的对话框中，显示了备份的详细信息，如进度、剩余时间、文件大小等，若需终止备份，可单击"取消"按钮。

10.4　学中练兵——设置系统还原点

在 Windows XP 操作系统中，如果工作时出现误操作，影响了计算机的运行速度，或者出现更为严重的问题时，可以采用系统还原的方法将系统恢复到出问题之前的状态，而使用 Windows 系统还原的前提条件是，首先需创建一个系统还原点。创建系统还原点的具体操作步骤如下：

01

单击"开始"按钮。

02

选择"所有程序"选项。

03

选择"附件"选项。

04

选择"系统工具"选项。

05

选择"系统还原"选项。

06

弹出"系统还原"对话框。

07

选中"创建一个还原点"单选按钮。

08

单击"下一步"按钮。

若用户已经创建了还原点，可在右图所示的对话框中选中"恢复我的计算机到一个较早的时间"单选按钮，然后根据系统提示，对系统进行还原操作。

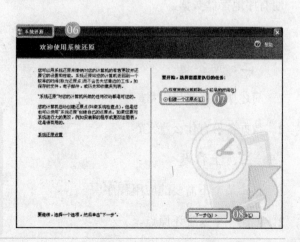

09

输入还原点描述。

10

单击"创建"按钮。

> 对计算机进行系统还原，并不会影响或更改用户的数据，如 Word 文档、浏览历史记录和图片等。

注意啦

11

单击"关闭"按钮，即结束创建系统还原点的操作。

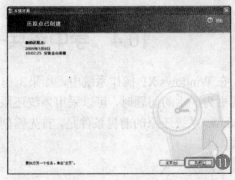

> 当用户创建了一个还原点后，系统会自动将创建该还原点的日期和时间添加到系统还原点列表中。

注意啦

10.5　学后练手

　　本章讲解了 Windows XP 的高级管理，包括"控制面板"的使用、硬件的管理以及系统资源的管理等方面的知识。本章学后练手是为了让读者更好地掌握和巩固 Windows XP 的高级管理知识与操作，请大家结合本章所学知识认真完成。

一、填空题

1．计算机硬件设置大致分为两类，即_____和_____。

2．从原理上来说_____，是指在磁盘内进行磁区分割，作为内部磁区的初始化标识，以便有序地存储数据。

3．系统还原的前提条件是，创建了_____。

二、简答题

1．简述如何格式化磁盘。

2．数据备份有什么意义？

三、上机题

1．删除某个不需要的应用程序。

2．创建一个系统还原点。

第 11 章

Windows XP 常用程序

学习安排

本章学习时间安排建议：

总体时间为 3 课时，其中分配 2 课时对照书本学习 Windows XP 的常用程序的知识与各项操作，分配 1 课时观看多媒体教程并自行上机进行操作。

学有所成

学完本章，您应能掌握以下技能：
- ✧ 使用"画图"程序
- ✧ 使用"写字板"程序
- ✧ 使用"计算器"程序
- ✧ 使用"放大镜"程序
- ✧ 使用"屏幕键盘"程序

Windows XP 系统内置了很多组件，如操作方便的绘图工具——画图程序、简单易用的文档处理程序——写字板等。这些组件让用户在 Windows XP 系统中处理日常办公更加得心应手。

11.1　画图

Windows XP 操作系统自带的画图程序是一个色彩丰富的图像绘制程序。用户可以用它创建简单的黑白或彩色的图画，也可以用画图程序查看和编辑图片。

11.1.1　启动"画图"程序

在使用画图程序前必须先启动它，启动"画图"程序的具体操作步骤如下：

01
单击"开始"按钮，弹出"开始"菜单。

02
选择"所有程序"选项。

03
选择"附件"选项。

04
选择"画图"选项。

单击"开始"|"运行"命令，弹出"运行"对话框，然后在"打开"下拉列表框中输入 Mspaint，按【Enter】键后，也可以启动"画图"程序。

注意啦

05
打开的"未命名-画图"窗口如右图所示。

第一次启动的"画图"程序并不会以最大化显示，用户如果需要将其最大化显示，只需在标题栏双击鼠标左键即可。

注意啦

11.1.2　窗口简介

"未命名-画图"窗口主要由"标题栏"、"菜单栏"、"绘图区"、"工具箱"、"颜色盒"和"状态栏"等主要部分组成。

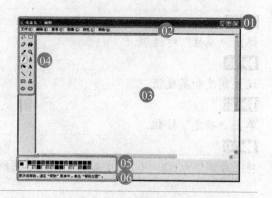

▶▶01		▶▶02
标题栏		菜单栏
▶▶03		▶▶04
绘图区		工具箱
▶▶05		▶▶06
颜色盒		状态栏

11.1.3　更改图片大小

在一些实际操作当中，常遇到图片过大的情况，用户可在"未命名-画图"窗口中方便地调整图片的大小。具体操作步骤如下：

▶▶01

打开"未命名-画图"窗口。

▶▶02

单击"文件"|"打开"命令。

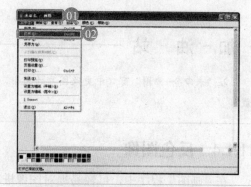

　与大多数应用程序一样，在"画图"程序中按【Ctrl + O】组合键，也会弹出"打开"对话框。

▶▶03

弹出"打开"对话框，在"图片收藏"文件夹中选择相应图像。

▶▶04

单击"打开"按钮。

　在图片所在文件夹中，选择一幅图片，然后将其拖曳至"未命令-画图"窗口中，也可打开该图片。

▶▶05

打开相应图像。

▶▶06

单击"图像"|"属性"命令。

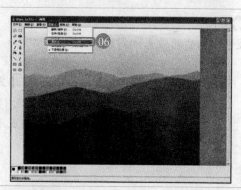

 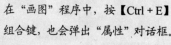　在"画图"程序中，按【Ctrl + E】组合键，也会弹出"属性"对话框。

07

弹出"属性"对话框。

08

设置宽度和高度值。

09

单击"确定"按钮。

10

将图片调整为 600×400 大小后的效果如右图所示。

如果需要将图片更改为黑白图片，可在"属性"对话框的"颜色"选项区中选中"黑白"单选按钮，然后单击"确定"按钮。

加 油 站

在"未命令-画图"窗口中更改图片的大小，并不会按原图片进行等比例缩放，而是将图片进行了裁剪。

11.1.4 反色图像

在"画图"程序中，可轻易地对图像进行反色，制作出底片效果。将图像反色的具体操作步骤如下：

01

单击"文件"|"打开"命令，打开一幅图像。

02

单击"图像"|"反色"命令。

反色是指将图像中的颜色全部变为与其相反的颜色，如红色变为青色，蓝色变为黄色。

03

反色图像后的效果如右图所示。

使用"反色"命令可以使图像呈底片效果，而当用户有图像的底片时，可以使用"反色"命令，将底片变为正片效果。

加·油·站

　　Windows XP 中的"画图"程序是一种简单快捷的图形处理工具，用它可以绘制简单的图形并查看和编辑其他图片，这些图像可以是黑白或彩色的，并可将其保存为位图文件。

11.1.5　翻转图像

　　用户可以在"画图"程序中非常轻松地将图片进行翻转，具体操作步骤如下：

01
单击"文件"|"打开"命令，打开一幅图像。

02
单击"图像"|"翻转/旋转"命令。

在画图窗口中，按【Ctrl + R】组合键，也会弹出"翻转和旋转"对话框。

03
弹出"翻转和旋转"对话框。

04
在"翻转或旋转"选项区中，选中"水平翻转"单选按钮。

05
单击"确定"按钮。

06
将图像水平翻转后的效果如右图所示。

如果用户需要将图像的一部分进行翻转或旋转，这只需在工具箱中选取选定工具或任意形状裁剪工具，选出部分图像，然后再执行"翻转/旋转"命令即可。

11.2　写字板

　　写字板是 Windows 中的文字处理程序，这个程序有着强大的文字处理功能，并且提供了许多高级编辑和格式化文本的功能。

11.2.1　启动写字板

启动写字板的具体操作步骤如下：

01
单击"开始"按钮，弹出"开始"菜单。

02
选择"所有程序"选项。

03
选择"附件"选项。

04
选择"写字板"选项。

05
打开的写字板窗口如右图所示。

注意啦

> 单击"开始"｜"运行"命令，弹出"运行"对话框，在"打开"下拉列表框中输入 WordPad 命令，单击"确定"按钮，也可打开写字板窗口。

11.2.2　新建文档

一般情况下，打开"写字板"程序后，系统会自动新建一个空白文档，若用户不想使用写字板默认的文档，可以根据需要创建一个新文档。新建文档的具体操作步骤如下：

01
打开写字板窗口。

02
单击"文件"｜"新建"命令。

注意啦

> 在写字板窗口中，按【Ctrl + N】组合键，也会弹出"新建"对话框。

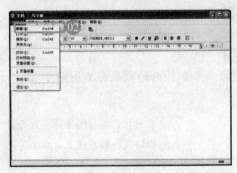

03
弹出"新建"对话框。

04
在"新建文档类型"列表中选择需要的文档类型。

05
单击"确定"按钮，即可新建文档。

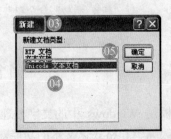

加 油 站

"新建"对话框中各文档类型的含义如下：

● RTF 文档：这种格式与许多文字处理应用程序兼容，并且包括字体、制表符和字符格式化信息。

● 文本文档：这种格式不包含文本格式化信息。

● Unicode 文本文档：Unicode 代表统一的字符编码标准，这种标准采用双字节对字符进行编码。

06

新建的文档如右图所示。

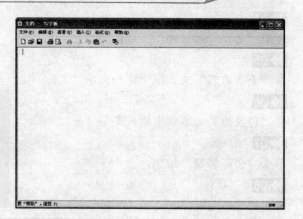

在写字板窗口的主工具栏中单击"新建"按钮 □，弹出"新建"对话框，选择需要的文件类型后，单击"确定"按钮，也可新建文档。

加 油 站

Unicode 文本文件可以包含世界上任何一种书写系统的文字，如罗马文字、希腊文字、古代斯拉夫语字母、中文字母、日文的平假名和片假名等。

11.2.3 查找和替换

使用写字板程序中的查找和替换功能，可以对文档中的文本进行查找和替换。下面以将素材文档中的文字"二"替换为文字"一"为例，介绍查找和替换文本的方法，具体操作步骤如下：

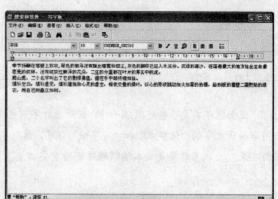

01

单击"文件"|"打开"命令，打开素材文本。

在写字板窗口中按【Ctrl + O】组合键，也会弹出"打开"对话框。

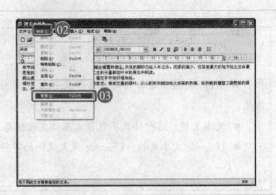

02

单击"编辑"菜单。

03

单击"替换"命令。

04

弹出"替换"对话框。

05

在"查找内容"文本框中输入文字"二"。

06

在"替换为"文本框中输入文字"一"。

07

单击"全部替换"按钮。

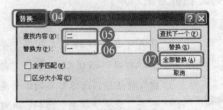

08

弹出提示信息框。

09

单击"确定"按钮。

10

返回"替换"对话框，单击"取消"按钮。

11

将文档中所有的文字"二"替换为文字"一"，效果如右图所示。

注意啦

在写字板窗口中按【Ctrl + H】组合键，也会弹出"替换"对话框。

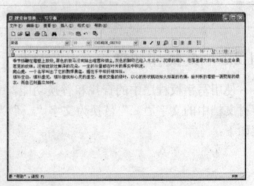

加 — 油 — 站

　　正如写字前要准备好纸张一样，在开始打字前也需要先打开文字编辑器。Windows XP 为用户提供了用来编辑文字的"记事本"和"写字板"程序，这两个程序都是 Windows XP 自带的附件程序，使用时无需安装。查找与替换是文本编辑软件中的重要功能，用它可以查找并将文档中的特定字符替换为需要的文本。

11.3　计算器

使用 Windows XP 附带的计算器程序，既可以执行简单的计算，又可以进行科学计算和统计计算。

11.3.1　启动"计算器"

要使用计算器，需先启动计算器。启动计算器的具体操作步骤如下：

▶01
单击"开始"按钮，弹出"开始"菜单。
▶02
选择"所有程序"选项。
▶03
选择"附件"选项。
▶04
选择"计算器"选项。

注意啦

单击"开始"｜"运行"命令，弹出"运行"对话框，在"打开"下拉列表框中输入 calc 命令，然后单击"确定"按钮，也可打开"计算器"窗口。

▶05
打开的"计算器"窗口如右图所示。

注意啦

使用计算器可以完成简单的标准运算，如加、减、乘、除等；同时还可执行科学计算，如进制转换和阶乘运算等。

加 - 油 - 站

在 Windows XP 系统中，计算器默认的模式为标准型，标准型计算器的界面非常简洁，适用于大部分简单的计算任务。

11.3.2　标准计算

一般的加、减、乘、除运算都可采用标准计算，下面以 1024＋768 为例，向读者介绍标准计算的方法，具体操作步骤如下：

▶▶01

打开"计算器"窗口。

▶▶02

依次单击1、0、2和4按钮。

▶▶03

单击加号按钮 [+] 。

在输入过程中，如果输入错误，可以按键盘上的【Backspace】键删除，也可以单击计算器上的 Backspace 按钮删除。

▶▶04

依次单击7、6和8按钮，单击等号按钮 [=] 。

在"计算器"窗口中单击 [CE] 按钮，将清除计算器显示窗口中的内容，而以前的计算结果仍保留在内存中，用户可以重新输入内容，继续进行计算；单击 [C] 按钮，将清除计算器显示窗口和内存中的所有内容，之前的计算结果全部清除。

▶▶05

计算 1024 + 768 的结果如右图所示。

在"计算器"窗口中，单击"+"、"-"、"*"、"/" 4个按钮，分别表示进行加、减、乘、除运算。

11.3.3　进制换算

在进行一些科学计算时，会遇到进制的换算。使用计算器转换进制的方法如下：

▶▶01

单击"查看"菜单。

▶▶02

弹出下拉菜单。

▶▶03

单击"科学型"命令。

科学型计算模式在标准型计算模式上扩展了许多功能，如统计、三角函数、幂函数、指数和对数函数，以及布尔运算功能等。

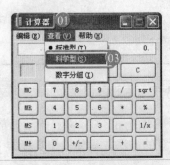

▶▶ 04

切换至科学型计算器界面。

▶▶ 05

输入需要转换的数值。

在科学计算中，还可进行角度、弧度和梯度的换算。

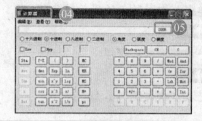

▶▶ 06

选择需要转换进制的单选按钮。

▶▶ 07

将数值转换为二进制。

二进制一般用于计算机程序中，它是一种计算机能够识别的编码。

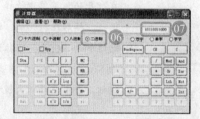

加—油—站

如果用户需要对数据进行科学计算，使用标准型计算模式显得有点力不从心，这时可以选用科学型计算模式。

11.4　放大镜

放大镜是一个放大显示对象的实用程序，便于用户查看屏幕。它在一个独立的窗口中放大显示了的部分屏幕。

11.4.1　启动"放大镜"

要使用放大镜观看放大效果，需先启动放大镜应用程序。启动放大镜的具体操作步骤如下：

▶▶ 01

单击"开始"按钮，弹出"开始"菜单。

▶▶ 02

选择"所有程序"选项。

▶▶ 03

选择"附件"选项。

▶▶ 04

选择"辅助工具"选项。

▶▶ 05

选择"放大镜"选项。

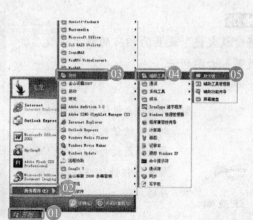

06

弹出如右图所示的提示信息框。

07

单击"确定"按钮。

08

进入"放大镜"界面。

注意啦

在"开始"菜单中选择"运行"
选项，然后在打开的"运行"对
话框中的"打开"下拉列表框中
输入 magnify 命令，单击"确定"
按钮，也可启动放大镜程序。

11.4.2　设置放大倍数

　　"放大镜"默认的放大倍数为 2 倍，用户可根据实际需要，调整"放大镜"的放大倍
数。设置放大镜倍数的具体操作步骤如下：

01

启动"放大镜"程序。

02

在"放大镜设置"窗口单击"放大倍数"下
拉列表框右侧的 ∨ 按钮。

03

弹出下拉列表。

04

选择需要的放大倍数。

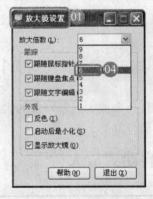

05

将"放大镜"设置为相应的放大倍数后的
效果如右图所示。

注意啦

使用放大镜程序时，可以看
到桌面被分成了两个部分，
最上面是放大部分，它会随
着鼠标指针的移动显示相
应的内容。

加-油-站

　放大镜为有轻度视觉障碍的用户提供了辅助功能,作为日常使用,大多数有视觉障碍的用户需要更加强大的实用程序。

11.5　屏幕键盘

　　屏幕键盘是在屏幕上显示虚拟键盘的 Windows 程序,它为一些击键有障碍的人士提供了方便。

11.5.1　启动"屏幕键盘"

　　启动屏幕键盘和启动大多数应用程序一样,具体操作步骤如下:

01

单击"开始"按钮,弹出"开始"菜单。

02

选择"所有程序"选项。

03

选择"附件"选项。

04

选择"辅助工具"选项。

05

选择"屏幕键盘"选项。

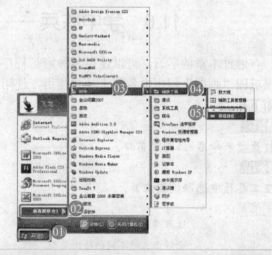

06

打开的"屏幕键盘"窗口如右图所示。

11.5.2　设置击键模式

　　当用户不方便击键时,可更改屏幕键盘的击键模式。设置击键模式的具体操作步骤如下:

01

打开"屏幕键盘"窗口。

02

单击"设置"|"击键模式"命令。

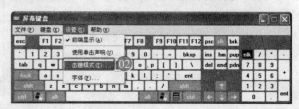

03

弹出"击键模式"对话框。

04

选中"鼠标悬停选择"单选按钮。

05

在"最短悬停时间"下拉列表框中设置时间
为 2 秒。

06

单击"确定"按钮即可。

加　油　站

　　将屏幕键盘设置为"鼠标悬停选择"模式后，当鼠标指针在按键上停留一定时间后，即可自动执行
按键。

11.6　学中练兵——绘制卡通人物头像

　　通过本章的学习，可以使用各种附带程序完成各种操作。通过本实例的操作，读者可
以巩固"画图"程序中各种工具的使用，使用"画图"程序绘制卡通人物的具体操作步骤
如下：

01

打开"未命名-画图"窗口。

02

在工具箱中选取椭圆工具。

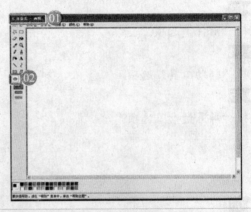

选取椭圆工具后，在工具箱下方
会显示三种不同的绘图类型，分
别为线框型、线框加填充型和填
充型。

注意啦

03

按住【Shift】键的同时拖曳鼠标，绘制一个
正圆。

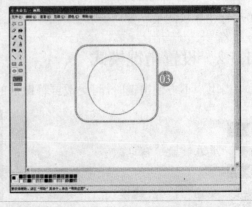

默认情况下，前景色为黑色，用
户可根据需要，更改前景色。方
法为：在颜料盒中需要的颜色上
单击鼠标左键。

注意啦

04

再次使用椭圆工具在画布上绘制一个椭圆。

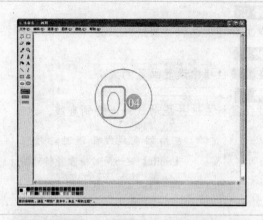

颜料盒的左侧是绘图时的前景色和背景色的显示框，前景色是所需要的画笔颜色，而背景色是画布颜色。在需要的颜色色块上单击鼠标右键，也可设置背景色。

05

在椭圆的属性栏中设置绘图类型为填充方式。在画布上绘制卡通人物的眼珠。

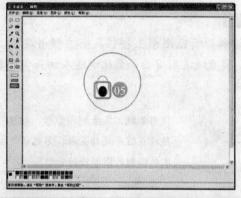

绘制眼珠时，用户也可先绘制一个空心椭圆，再使用"用颜色填充"工具将其填充为黑色。

06

在工具箱中选取选定工具。

07

在画布上框选眼睛区域。

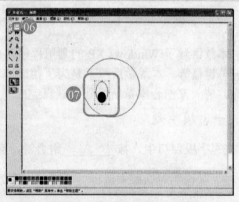

框选眼睛区域后，画布上将显示一个选框，并显示8个控制点，将鼠标指针移至控制点上并拖曳鼠标，可调整选框的大小。

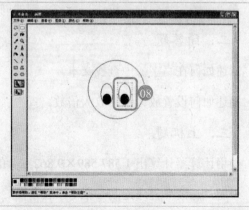

 08

按住【Ctrl】键的同时，在选框区域内按住鼠标左键并拖动鼠标至目标位置，即可复制眼睛。

在工具箱中选取"曲线"工具。

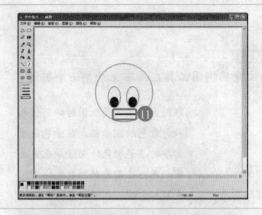

在其属性栏中设置画笔的大小。

按住鼠标左键并拖动鼠标，绘制直线。

> 在绘制直线或曲线时，按住【Shift】键的同时拖曳鼠标可绘制直线。

注意啦

在绘制的嘴巴图形上按住鼠标左键并拖动鼠标，将直线适当弯曲，至此卡通人物头像绘制完成。

> 使用曲线工具绘制图形后，按住鼠标左键并拖动鼠标，可连续两次对绘制的图形进行变形。

注意啦

11.7　学后练手

本章讲解了 Windows XP 的常用程序的使用方法，包括画图、写字板、计算器、放大镜和屏幕键盘等。本章学后练手是为了帮助读者更好地掌握和巩固 Windows XP 中附件程序的操作，请大家结合本章所学知识认真完成。

一、填空题

1. 在写字板窗口中，按_____组合键，会弹出"替换"对话框。

2. 在"运行"对话框中运行_____命令，可启动放大镜程序。

3. 在"画图"程序中，按住_____键的同时可使用"椭圆"工具可绘制正圆。

二、简答题

1. 简述如何在写字板中查找文本。

2. 简述如何设置放大镜的放大倍数。

三、上机题

1. 使用计算器计算出 1 587 589×9 862 157 的结果。

2. 使用"画图"程序绘制一个 QQ 表情图。

第12章

Windows Vista 快速入门

学习安排

本章学习时间安排建议:

总体时间为 3 课时，其中分配 2 课时对照书本学习 Windows Vista 的基础知识与各项操作，分配 1 课时观看多媒体教程并自行上机进行操作。

学有所成

学完本章，您应能掌握以下技能:

◇ 文件夹的基本操作

◇ 管理文件

◇ 清空"回收站"和还原文件

◇ 资源管理器的使用

2006 年 11 月 30 日，Microsoft 公司在中国发布了新一代的操作系统 Windows Vista。作为一款全新的操作系统，Windows Vista 操作系统体现了多年来 Microsoft 公司在 Windows 操作系统领域的不断进步。Windows Vista 按功能可分为 6 个版本，家庭普通版、家庭高级版、入门版、企业版、旗舰版和商业版，其每个版本针对于不同的客户群体。本章将介绍 Windows Vista 旗舰版的一些基本操作知识。

12.1　Windows Vista 的基本操作

和使用其他操作系统一样，使用 Windows Vista 系统的时候需要掌握系统的启动和退出方法。Windows Vista 系统中的关机功能有了较大的改变，初次使用时用户可能无法找到正确的关机方法。本节将详细介绍 Windows Vista 系统中的启动、休眠、锁定和关机的方法。

12.1.1　启动 Windows Vista

在启动 Windows Vista 系统前，首选应确保在通电情况下将主机和显示器接通电源。启动 Windows Vista 操作系统的具体操作步骤如下：

▶▶01

按下主机箱上的 Power 按钮。

▶▶02

系统自检后，进入 Windows Vista 操作系统的启动画面。

▶▶03

登录 Windows Vista 即可。

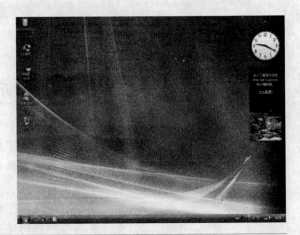

右图所示为 Windows Vista 旗舰版操作系统的桌面，该系统是各 Vista 版本中功能最强的版本。

加-油-站

若用户安装了多个版本的操作系统，则计算机在自检信息后，会出现系统选择菜单，用户可以根据选项提示选择需要启动的操作系统。

12.1.2　退出 Windows Vista

当不再使用计算机工作时，应关闭所有应用程序和窗口，为退出 Windows Vista 做好准备。关闭所有程序和窗口后，即可执行关机命令了。退出 Windows Vista 操作系统的具体操作步骤如下：

▶ 01

单击"开始"按钮，弹出"开始"菜单。

▶ 02

单击小三角形按钮▶，弹出快捷菜单。

▶ 03

选择"关机"选项，即可退出 Windows Vista。

注意啦

用户通过上述方法发出"关机"命令后，Windows 将关闭所有打开的文件，关闭操作系统，然后关闭计算机电源。

加－油－站

用户还可按【Alt + F4】组合键，弹出"关闭 Windows"对话框（如下图所示），在"希望计算机做什么"下拉列表框中选择"关机"选项，然后单击"确定"按钮，即可退出 Windows Vista。

12.1.3　使用 Windows Vista 休眠功能

休眠是一种特殊的计算机系统运行状态，休眠时计算机的主要功能停止运转，各种设备处于低功耗状态，屏幕无显示，不能进行任何操作，必须以管理员或 Administrators 组成员的身份登录才能启动休眠功能。启动休眠功能的具体操作步骤如下：

▶ 01

单击"开始"按钮，弹出"开始"菜单。

▶ 02

单击休眠按钮 ，即可启动 Windows Vista 休眠功能。

注意啦

计算机进入休眠状态后，用户只要稍微移动鼠标，或在键盘上敲击任意键，几秒钟后系统便会回到休眠前的工作状态，不会丢失任何数据。

12.1.4　使用 Windows Vista 锁定功能

如果在工作时想离开一段时间，又需防止其他人动用计算机，除了关机外，最好的办法是将计算机锁定。计算机被锁定后，只有重新输入密码，才能登录系统，从而保护了计算机中的数据。锁定计算机的具体操作步骤如下：

▶▶ 01

单击"开始"按钮，弹出"开始"菜单。

▶▶ 02

单击"锁定该计算机"按钮🔒，即可启动 Windows Vista 的锁定功能。

在 Windows Vista 操作系统中，锁定功能依靠密码来保护计算机免遭恶意操作和窥探，如果用户没有设置密码，那么锁定功能也就毫无意义可言了。

12.2　Windows Vista 桌面

与 Windows XP 一样，开机后，将进入已安装好的 Windows Vista 操作系统，此时在显示器上显示的整个屏幕就是 Windows Vista 的桌面。

12.2.1　添加系统图标

安装完成后，第一次进入 Windows Vista 操作系统时，可以发现桌面上只有一个回收站图标，诸如计算机、网络、用户文档和控制面板，以及常用系统图标都没有显示在桌面上。在桌面上添加系统图标的具体操作步骤如下：

▶▶ 01

在桌面上单击鼠标右键，弹出快捷菜单。

▶▶ 02

选择"个性化"选项。

桌面图标就是整齐排列在桌面上的一系列图片，这些图片由图标和图标名称两部分组成，双击这些图标可启动相应的应用程序。

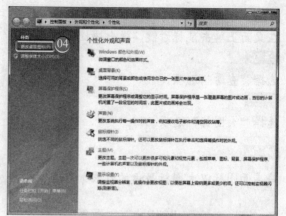

03

打开"个性化"窗口。

04

在左侧窗格中单击"更改桌面图标"超链接。

用大图标显示的图标比以往版本 Windows 的更加美观，但同时需耗费大量的系统资源。

05

弹出"桌面图标设置"对话框。

06

在"桌面图标"选项区中选中所有系统图标的复选框。

07

单击"确定"按钮。

在右图所示对话框的列表中，选中一个系统图标，然后单击"更改图标"按钮，在弹出的对话框中，用户可根据需要选择其他图标对其进行替换。

08

将系统图标添加到桌面后的效果如右图所示。

Windows Vista 系统图标包括"回收站"、"控制面板"、"计算机"、"网络"和"用户的文件"。

12.2.2　大图标显示

与 Windows XP 相比，Windows Vista 操作系统新增了大图标显示方式。将桌面图标以大图标显示的具体操作步骤如下：

01

在桌面上单击鼠标右键，弹出快捷菜单。

02

选择"查看"选项。

03

选择"大图标"选项。

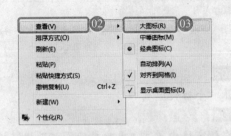

04

将桌面图标以大图标显示的效果如右图所示。

> 在 Windows Vista 操作系统中，桌面元素的设置是用户个性化工作环境的最明显体现，用户可以根据需要更改桌面图标的显示方式。

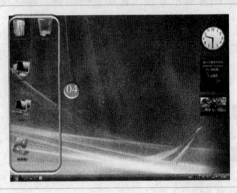

12.2.3　Flip 3D 切换窗口

Windows Vista 的 Flip 3D 功能提供了 3D 预览界面，用户可在更大程度上了解窗口中的内容，方便查询需要的数据。下面以切换至"回收站"窗口为例，向读者介绍使用 Flip 3D 功能切换窗口的方法，具体操作步骤如下：

01

打开多个窗口（包括"回收站"窗口）。

02

单击任务栏中的"在窗口之间切换"按钮 。

> 按【Windows 徽标键 + Tab】组合键，也将以 Flip 3D 模式显示窗口。

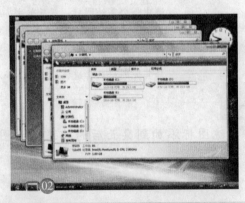

03

系统以 Flip 3D 功能排列窗口。

04

单击"回收站"窗口。

> 按住【Windows 徽标键】，然后反复按【Tab】键，可在不同窗口间进行切换。

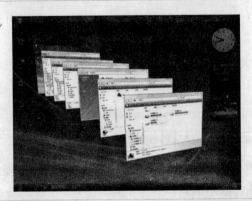

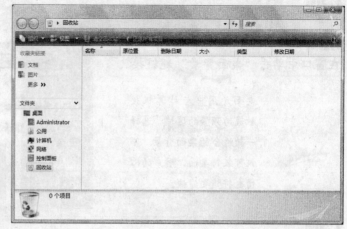

05

即可切换到"回收站"窗口。

注意啦

在 Flip 3D 界面中，系统桌面也以三维方式显示。

加 — 油 — 站

　　Flip 3D 功能同样需要性能较高的显卡支持。在 Flip 3D 界面中，用户也可以通过转动鼠标滚轮、或者按键盘上的上下方向键，快速调整 3D 窗口的显示位置。

12.3　Windows Vista 的个性化设置

　　Windows Vista 系统允许用户进行个性化的设置，如随意更改桌面背景、自定义窗口颜色与外观等。

12.3.1　设置桌面背景

　　桌面背景就是 Windows Vista 系统桌面的背景图案，也称作墙纸，用户可以根据需要，更换桌面背景，具体操作步骤如下：

01

在桌面上单击鼠标右键，弹出快捷菜单。

02

选择"个性化"选项。

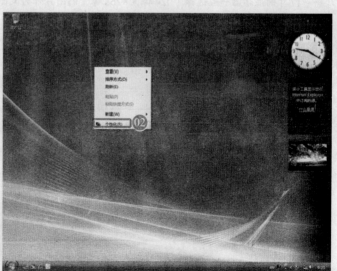

Windows Vista 系统中更加亮丽的桌面效果和自由的个性化设置，使用户对桌面的使用和管理变得更加容易。

注意啦

▶▶ 03

打开"个性化"窗口。

▶▶ 04

在窗口中单击"桌面背景"超链接。

注意啦

桌面是用户与计算机接触最为频繁的区域，选择一款适合的桌面背景，不仅可装饰桌面，用户的心情也将随之愉快。

▶▶ 05

打开"桌面背景"窗口。

▶▶ 06

选择需要的图片背景。

▶▶ 07

单击"确定"按钮。

注意啦

在右图所示的窗口中，单击"浏览"按钮，可以在打开的"浏览"对话框中选择本地磁盘中的图像文件作为桌面背景。

加 油 站

17 寸的显示器一般选择 1 024 像素×768 像素的图片作为桌面背景。

▶▶ 08

更改桌面背景后的效果如右图所示。

注意啦

与 Windows XP 一样，Vista 桌面墙纸也有三种不同的显示模式。设置桌面显示模式的方法很简单，只需在"桌面背景"窗口的"应该如何定位图片"选项区中选中相应的单选按钮，然后单击"确定"按钮即可。

一款个性化的桌面背景设置，可完美的体现用户的生活习惯与欣赏水平。

12.3.2　自定义颜色与外观

在 Windows Vista 操作系统中，用户可以自定义窗口、"开始"菜单及任务栏的颜色和外观。自定义颜色与外观的具体操作步骤如下：

01

在桌面上单击鼠标右键，弹出快捷菜单。

02

选择"个性化"选项。

> 默认状态下，Windows Vista 桌面的任务栏、"开始"菜单等都以黑色为基调。

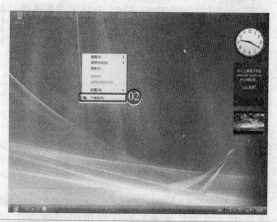

03

打开"个性化"窗口。

04

单击"Windows 颜色和外观"超链接。

> 在右图所示的窗口中，用户还可以对鼠标、声音等一系列设备进行个性化设置。

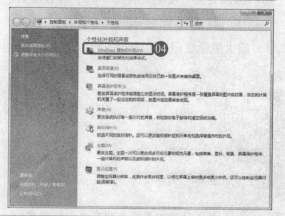

05

打开"Windows 颜色和外观"窗口。

06

选择需要的颜色。

07

调整颜色的浓度。

08

单击"确定"按钮。

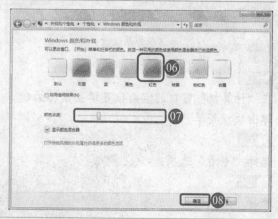

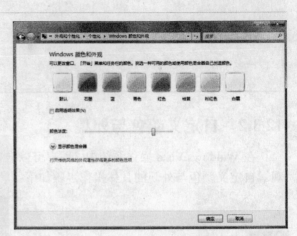

调整窗口颜色后的效果如右图所示。

在右图所示的窗口中，选中"启用透明效果"复选框，可以在 Windows Vista 系统中启用玻璃透明效果。

注意啦

加 — 油 — 站

启动玻璃效果会耗费大量的系统资源。

12.3.3　磁盘图标显示

在 Windows Vista 中，系统提供了更多的磁盘图标显示方式，通过这些不同的显示方式，用户可以更加方便地查看计算机中的磁盘信息。

1. 超大图标显示

超大图标显示可将磁盘图标以最大化显示，具体操作步骤如下：

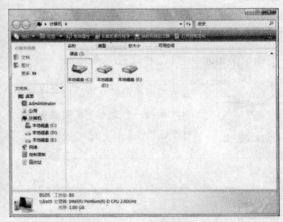

打开"计算机"窗口。

在右图所示的窗口中，带有 Windows 徽标的磁盘图标，表示该盘为系统盘。

注意啦

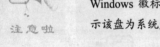

在"计算机"窗口的空白位置单击鼠标右键，弹出快捷菜单。

选择"查看"选项。

选择"超大图标"选项。

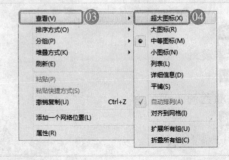

05

将磁盘图标以最大化显示的效果如右图
所示。

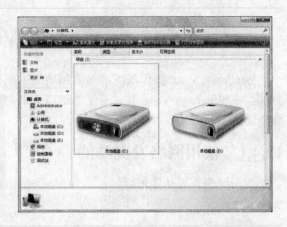

在"计算机"窗口中，单击工
具栏中"视图"按钮右侧的
下拉按钮，在弹出的菜单中选
择"特大图标"选项，也可将
磁盘图标最大化显示。

2. 平铺显示

使用平铺方式显示文件，可以查看和比较磁盘的详细信息，如大小、类型和剩余空间等。
使用平铺方式显示磁盘图标的具体操作步骤如下：

01

打开"计算机"窗口。

02

在"计算机"窗口的空白位置单击鼠标右键，
弹出快捷菜单。

03

选择"查看"选项。

04

选择"平铺"选项。

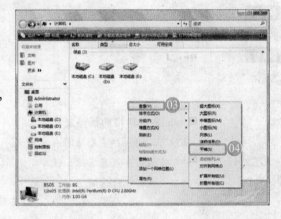

加 油 站

在 Windows Vista 中，用户可以按文件的名称、修改日期、类型、大小等组织和排序文件，还可只显
示符合条件的文件。例如，可以只显示文件修改日期为某天之前的文件，或只显示大于 1MB 的文件。

05

将磁盘图标以"平铺"方式显示的效果如右
图所示。

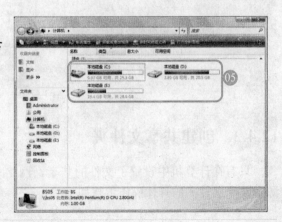

在右图所示的窗口中，蓝色横条
代表磁盘已用空间，白色横条代
表剩余空间，如果磁盘可用空间
过少，系统会用红色横条显示使
用的磁盘空间，以起到提示作用。

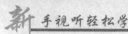

12.4 Windows Vista 中的局域网

Windows Vista 操作系统增强了局域网的组建功能，为用户提供了方便快捷的网络连接方法。在 Windows Vista 中，不仅能迅速完成网络设置，还能对网络中存在的故障进行自动修复。

12.4.1 使用网络发现功能

使用网络发现功能可以轻松访问局域网中的其他计算机，使用网络发现功能的具体操作步骤如下：

01
单击"开始"按钮，弹出"开始"菜单。

02
选择"网络"选项。

Vista 系统新增的网络发现功能可以自动搜索局域网内的所有设备和共享资源，便于用户在需要时访问。

03
打开"网络"窗口，显示局域网中的计算机。

在右图所示的窗口中双击相应的计算机图标，即可查看该计算机内的所有共享资源。

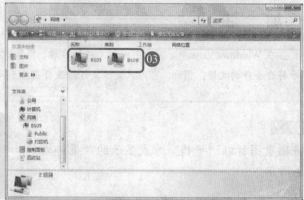

12.4.2 创建共享文件夹

只有在计算机中设置了文件的共享，网络上的其他计算机才能访问和使用这些共享资源。共享文件夹的具体操作步骤如下：

01
在需要共享的文件夹上单击鼠标右键，弹出快捷菜单。
02
选择"共享"选项。

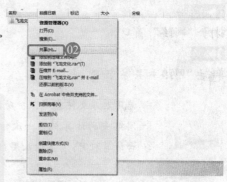

用户只能对计算机中的文件夹设置共享，不能对单独文件设置共享。如果用户需要共享某文件时，可将该文件复制到共享的文件夹中。

03
弹出"文件共享"对话框。
04
选择需要与其共享的用户。
05
单击"共享"按钮。

06
单击"完成"按钮，即可将文件夹共享。

将文件夹设置共享后，文件夹的图标将有所改变，在文件的左下方将显示🔒图标。

12.4.3　为共享文件夹设置密码保护

为共享文件夹设置密码保护的具体操作步骤如下：
01
单击"开始"按钮，弹出"开始"菜单。
02
选择"网络"选项。

启用共享文件密码保护功能后，查看该文件所需要的密码，也是用户的登录密码。对于 Windows Vista 商业版、企业版和旗舰版，可以选中对话框下的"记住我的密码"复选框，这样下次要访问同一台计算机时，无需再次输入该计算机的用户名和密码。

03

打开"网络"窗口。

04

单击"网络和共享中心"按钮。

启用共享文件密码保护功能后，网络中的计算机第一次访问这台计算机时，需要输入用户名和密码。

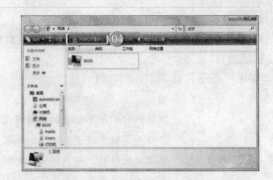

05

展开"密码保护的共享"卷展栏。

06

选中"启用密码保护的共享"单选按钮。

07

单击"应用"按钮。

08

返回"网络和共享中心"窗口，单击"关闭"按钮即可。

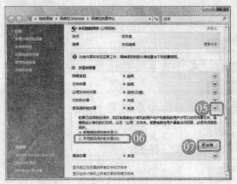

12.4.4 停止文件夹共享

文件夹不需要共享时，可以停止文件夹的共享。停止文件夹共享的具体操作步骤如下：

01

在需要停止共享的文件夹上单击鼠标右键，弹出快捷菜单，选择"共享"选项。

在右图所示的快捷菜单中选择"属性"选项，在弹出的相应属性对话框中单击"共享"按钮，也会弹出"文件共享"对话框。

02

打开"文件共享"对话框，选择"停止共享"选项。

在右图所示的对话框中，选择"更改共享权限"选项，将弹出用于选择其共享用户的对话框。用户可以重新对共享权限及权限级别进行设置。

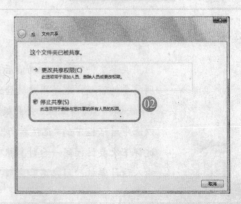

03

单击"完成"按钮，即可停止文件夹共享。

> 如果用户共享的文件太多，也会影响到计算机的运行速度，建议用户将不需要共享的文件停止共享。
>
> 注意啦

加油站

　　在 Windows Vista 中，资源共享的设置比 Windows XP 要简单得多，在 Windows XP 中，经常发生本地安全策略的设置问题，在 Windows Vista 中几乎不会出现这个问题。用户可以利用"网络和共享中心"窗口对 Windows Vista 计算机进行全局设置。

12.4.5　打印机

　　将打印机共享，可以使其被局域网中的其他计算机共同使用。共享打印机的具体操作步骤如下：

01

在桌面的"控制面板"图标上单击鼠标右键，弹出快捷菜单。

02

选择"打开"选项。

03

打开"控制面板"窗口，单击"硬件和声音"超链接。

> 在"计算机"窗口的工具栏中单击"打开控制面板"按钮，也可打开"控制面板"窗口。
>
> 注意啦

04

单击"打印机"超链接。

注意啦

Vista 操作系统的"控制面板"中新增了很多项目，并且在"控制面板"的搜索文本框中输入相应内容，即可快速查找到相应任务。

加—油—站

如果当前计算机处于休眠状态，其他计算机将不可以使用该计算机提供的共享打印机。

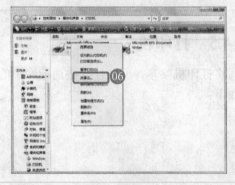

05

在相应的打印机图标上单击鼠标右键，弹出快捷菜单。

06

选择"共享"选项。

07

弹出相应打印机的属性对话框。

08

在"共享"选项卡中单击"更改共享选项"按钮，在弹出的对话框中选中"共享这台打印机"复选框。

09

单击"确定"按钮，即可将打印机设为共享。

加—油—站

在局域网中共享打印机后，还可以为共享的打印机设置使用权限，方法是：在打印机属性对话框中单击"安全"选项卡，在"组或用户名"列表框中双击相应用户，在下方的权限列表中进行相应设置即可。

12.5　学中练兵——设置刷新频率

设置刷新频率主要是为了防止屏幕出现闪烁现象，如果刷新率设置得过低会对眼睛造成伤害，而过高的刷新频率则需要硬件的支持，甚至会使显示器无法使用并损坏硬件。一般情况下，不同的显示器会有不同的刷新频率。在设置高刷新频率时，需要安装相应的显示卡，才能进行设置。设置刷新频率的具体操作步骤如下：

01
在桌面上单击鼠标右键，弹出快捷菜单。

02
选择"个性化"选项。

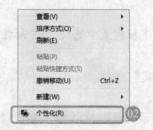

刷新频率不能设置得过高，也不能设置得过低，一般 17 寸的显示器设置为 85Hz。

03
打开"个性化"窗口。

04
单击"显示设置"超链接。

在没有安装显示卡驱动程序之前，无法设置屏幕的刷新频率。

05
弹出"显示设置"对话框。

06
单击"高级设置"按钮。

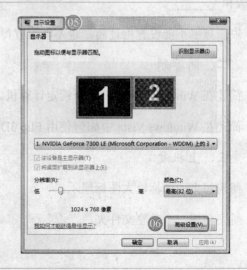

在右图所示的对话框中，拖曳分辨率滑块，可以设置显示器的分辨率。

▶▶07

弹出相应对话框。

▶▶08

单击"监视器"选项卡。

▶▶09

在"监视器设置"选项区中单击"屏幕刷新频率"下拉列表框。

▶▶10

在弹出的下拉列表中选择"85 赫兹"选项。

▶▶11

单击"确定"按钮。

▶▶12

返回"显示设置"对话框，单击"确定"按钮，即完成刷新频率的设置。

12.6　学后练手

本章主要讲解了 Windows Vista 的基本操作、Windows Vista 的桌面设置、Windows Vista 的个性化设置以及 Windows Vista 局域网的使用等。本章学后练手是为了帮助读者更好地掌握和巩固 Windows Vista 的基础知识，请大家结合本章所学知识认真完成。

一、填空题

1. _____是一种特殊的计算机系统运行状态。/在休眠中，计算机的主要功能停止运转，各种设备处于低功耗状态，屏幕无显示。

2. Windows Vista 按功能可分为 6 个版本，家庭普通版、家庭高级版、入门版、企业版、旗舰版和_____。

3. 刷新频率不能设置得过高，也不能设置得过低，一般 17 寸的显示器设置为_____。

二、简答题

1. 简述在 Windows Vista 中如何锁定计算机。

2. 简述在 Windows Vista 中如何使用 Flip 3D 功能切换窗口。

三、上机题

1. 练习将桌面图标以大图标显示。

2. 练习创建一个共享文件夹。

第13章

Windows Vista 全新体验

本章学习时间安排建议：

  总体时间为 3 课时，其中分配 2 课时对照书本学习 Windows Vista 的全新功能与各项操作，分配 1 课时观看多媒体教程并自行上机进行操作。

学完本章，您应能掌握以下技能：

- ◆ 使用网络限制功能
- ◆ 使用 Windows Vista 联系人程序
- ◆ 使用 Windows 日历程序
- ◆ 体验游戏

Windows Vista 操作系统是微软新推出的产品，可以说它完全改变了我们以往的工作和获取信息的方式。在 Windows Vista 操作系统中增加了很多新功能，这些功能使得 Windows Vista 在性能、可靠性、易用性以及其他各方面都有了极大的提高。

13.1　网络限制功能

许多家庭为儿童购置了计算机，为了防止儿童不慎进入不良网站或者运行不良软件，可以使用 Windows Vista 操作系统在账户控制中提供的网络限制功能。

13.1.1　限制网页浏览

上网可以浏览新闻，可以下载丰富的信息资源；可以听歌和看电影以放松心情。Internet 对于孩子来说，是一个无法抗拒的诱惑，同时也提供了丰富的信息和体验，但也可能让孩子们接触到对他们不适宜的信息。对此用户可对网页浏览进行适当的限制。设置网页浏览限制的具体操作步骤如下：

打开 IE 浏览器窗口。

单击"工具"按钮。

在弹出的菜单中选择"Internet 选项"选项。

IE 7.0 浏览器具备强大的管理功能，用户可以对浏览器进行严格的管理和控制。

弹出"Internet 选项"对话框。

单击"内容"选项卡。

在"内容审查程序"选项区中单击"启用"按钮。

Windows Vista 操作系统本身也有家长控制功能，与 IE 7.0 的家长控制功能类似。

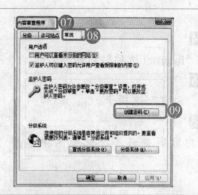

07

弹出"内容审查程序"对话框。

08

单击"常规"选项卡。

09

在"监护人密码"选项区中单击"创建密码"
按钮。

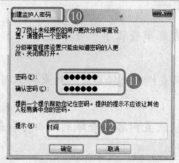

10

弹出"创建监护人密码"对话框。

11

在"密码"文本框中输入密码，在"确认密码"
文本框中再次输入密码。

12

在"提示"文本框中输入密码提示，单击"确
定"按钮。

13

弹出如右图所示的提示信息框。

14

依次单击"确定"按钮即可。

13.1.2　管制网上行为

　　Internet 网络在向访问者提供的信息和资源中，也充斥着一些色情和暴力内容。对于这
些网上存在的不良信息，用户在管理 IE 浏览器时，可以使用 IE 7.0 对网上行为进行约束。
具体操作步骤如下：

01

打开 IE 浏览器窗口。

02

单击"工具"按钮。

03

在弹出的菜单中选择"Internet 选项"选项。

04

弹出"Internet 选项"对话框。

05

单击"内容"选项卡。

06

在"内容审查程序"选项区中单击"设置"
按钮。

07

弹出"内容审查程序"对话框。

08

在类别列表框中选择要进行约束的类别。

09

拖动滑块设置内容审查级别，依次单击"确定"
按钮即可。

13.2　Windows 联系人程序

　　Windows 联系人程序是 Windows XP 中"通讯簿"工具的升级产品，用户可以通过在 Windows 联系人中创建个人和组织的联系信息。此外，"联系人"文件夹也可以作为 Windows 邮件的通讯簿，在 Windows 邮件中创建电子邮件时，可以在"联系人"文件夹中选择收件人。

13.2.1　启动 Windows 联系人程序

　　在使用 Windows 联系人程序前，必须先将其启动，具体操作步骤如下：

01

单击"开始"按钮。

02

选择"所有程序"选项。

03

选择"Windows 联系人"选项。

Windows联系人程序可用于日常事
务的管理与记录。

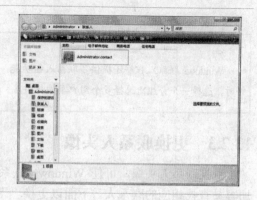

▶▶ 04

启动的"联系人"窗口如右图所示。

注意啦

如果用户需要添加或修改 Windows 联系人程序中的联系人信息，可以双击打开已经创建的联系人文件进行编辑。

13.2.2　新建联系人信息

在 Windows 联系人程序中，用户可以建立联系人信息，用于保存联系人的联系资料，这个过程类似于在手机中建立电话簿信息。新建联系人信息的具体操作步骤如下：

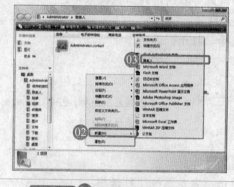

▶▶ 01

在"联系人"窗口中的空白位置单击鼠标右键，弹出快捷菜单。

▶▶ 02

选择"新建"选项。

▶▶ 03

选择"联系人"选项。

▶▶ 04

弹出"属性"对话框。

▶▶ 05

输入联系人的资料信息。

▶▶ 06

单击"确定"按钮。

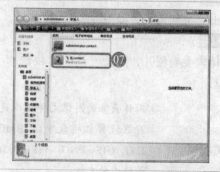

▶▶ 07

新建的联系人如右图所示。

Windows 联系人程序还提供了联系人组功能，用户可以对联系人进行分类，这样在给同一类用户发送邮件时，选择一个分组比选择多个用户要快捷许多。

13.2.3　更换联系人头像

更换联系人头像，可使 Windows 联系人程序的界面看起来更加亲切、友好，同时也更加容易查找相应的联系人。下面以更换"飞龙"联系人头像为例，介绍更换联系人头像的方法。具体操作步骤如下：

▶▶ 01
在"联系人"窗口中已经创建的联系人图标上单击鼠标右键，弹出快捷菜单。

▶▶ 02
选择"打开"选项。

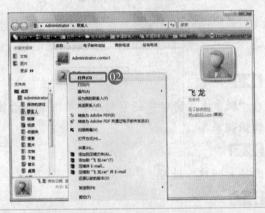

双击联系人图标，也可打开相应联系人属性对话框。

▶▶ 03
弹出"飞龙属性"对话框。

▶▶ 04
在头像图标上单击鼠标左键，弹出快捷菜单，选择"更改图片"选项。

用户若需删除当前头像，可在右图所示的对话框中选择"删除图片"选项。

▶▶ 05
弹出"为联系人选择图片"对话框。

▶▶ 06
选择需要的图片，单击"设置"按钮。

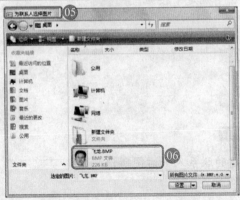

用作头像的图像文件可以是保存在计算机硬盘中的 BMP、JPG、GIF、PNG、TIFF 或 ICO 等格式的文件。

07

单击"确定"按钮，即完成联系人头像的更换。

选择头像图片时，用户最好选择较为清晰的，否则在联系人列表中的显示会很模糊。

注意啦

加—油—站

为各联系人设置头像后，可为用户选择联系人时提供方便。

13.3　Windows 日历程序

Windows 日历程序是 Windows Vista 提供的另一项新功能。它不仅是一个简单的日历，而且是一个日程安排程序。使用它不但可以创建自己的日程安排、约会时间，还可以订阅任何组织成员网站的 Web 日历，或者与他人共享自己的日程安排。

13.3.1　启动 Windows 日历程序

启动 Windows 日历程序的具体操作步骤如下：

01

单击"开始"按钮，弹出"开始"菜单。

02

选择"所有程序"选项。

03

选择"Windows 日历"选项。

04

打开的 Windows 日历窗口如右图所示。

注意啦

Windows 日历程序相当于一个记事本，用于记录日常工作及查看日期。

13.3.2 创建约会

　　Windows 日历程序中的约会可以被保存在某一天的某一个时间，当约会的时间即将到来时，Windows 日历程序将自动提醒用户。创建约会的具体操作步骤如下：

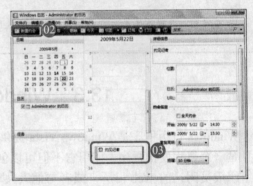

01

打开 Windows 日历窗口。

02

单击"新建约会"按钮。

03

输入约会内容，即可创建一个约会。

13.3.3 创建任务

　　任务表示在一段时间内必须完成的工作。当计算机处于开机状态时，系统将会根据时间提醒用户完成其所安排的任务。使用该功能进行学习和工作的安排非常方便。创建任务的具体操作步骤如下：

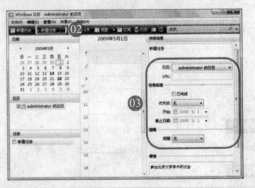

01

打开 Windows 日历窗口。

02

单击"新建任务"按钮。

03

在"详细信息"任务窗格中进行相关设置即可。

13.4　Windows 边栏

　　默认情况下，登录 Windows Vista 系统后，在桌面的右侧会显示一个垂直于任务栏的工具栏，即边栏。在 Windows 边栏上放置着一些常工具，使用这些工具可以实现不同的操作。例如，边栏可以显示当前的系统时间、天气情况以及图片等。

13.4.1　在边栏中添加工具

除了默认显示在 Windows 边栏上的工具外，Windows Vista 系统还提供了其他常用的工具。在边栏上添加工具的具体操作方法如下：

01

在 Windows 边栏中的空白位置单击鼠标右键，弹出快捷菜单。

02

选择"添加小工具"选项。

注意啦

Windows 边栏是在桌面边缘显示的一个垂直长条。可以在边栏中添加小工具。

03

弹出如右图所示的边栏对话框。

04

在需要添加的小工具的图标上单击鼠标右键，弹出快捷菜单。

05

选择"添加"选项。

加·油·站

Windows Vista 的边栏不仅美化了桌面，还可以让我们的一些操作变得更加快捷。但在方便用户使用的同时，边栏也消耗了一定的系统资源，因此在运行一些大型程序时，应将其关闭。

06

将 CPU 仪表盘添加至 Windows 边栏后，效果如右图所示。

注意啦

通过 CPU 仪表盘，用户可以了解 CPU 及内存的使用情况。

13.4.2　显示时钟秒针

　　默认情况下，Windows 边栏上的时钟不会显示秒针，用户可以通过设置，让其显示秒针，具体操作步骤如下：

在 Windows 边栏的时钟图标上单击鼠标右键，弹出快捷菜单。

选择"选项"选项。

注意啦　在右图所示的快捷菜单中，选择"关闭小工具"选项，可将相应工具删除。

弹出"时钟"对话框。

选中"显示秒针"复选框。

单击"确定"按钮。

注意啦　在右图所示的对话框中，单击"上一页"或"下一页"按钮，可设置时钟样式。

此时 Windows 边栏中的时钟上将显示秒针。

注意啦　若用户需要调整桌面边栏中各对象的位置，在边栏中的图标上按住鼠标左键并拖动鼠标，即可随意调整小工具的位置。

加　油　站

　　当鼠标指针指向桌面边栏中的小工具时，除了"关闭"按钮外，某些小工具还会带有"选项"按钮，单击此按钮，相当于在该图标上单击鼠标右键弹出的快捷菜单中选择"选项"选项，可对小工具进行设置。

13.5 Windows 照片库

以前版本的 Windows 操作系统都没有内置图片管理软件，用户还需另外安装相关软件来管理图片。在 Windows Vista 中，新增了一个组件——Windows 照片库，使用它可以方便地浏览图片，而且它还提供了强大的图片管理功能。

13.5.1 启动 Windows 照片库

启动 Windows 照片库的具体操作步骤如下：

01
单击"开始"按钮，弹出"开始"菜单。

02
选择"所有程序"选项。

03
选择"Windows 照片库"选项。

注意啦

使用 Windows 照片库，不仅可以对照片或图片进行查看和管理，还能对照片或图片进行编辑，如打印、修复和发送等。

04
打开的"Windows 照片库"窗口如右图所示。

注意啦

Windows 照片库不但可以管理图片，还可以将图片刻录到光盘，将图片制作成电子相册等。

13.5.2 将图片添加到照片库

将图片添加到照片库的具体操作步骤如下：

01

在"Windows 照片库"窗口中单击"文件"菜单。

02

单击"将文件夹添加至图库中"命令。

03

弹出"将文件夹添加到图库中"对话框。

04

选择需要添加的图片文件夹。

05

单击"确定"按钮。

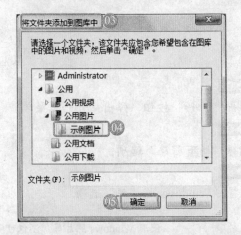

选择一个图片文件夹后，按住鼠标左键并拖动鼠标至"Windows 照片库"窗口中，也可将图片添加到 Windows 照片库。

注意啦

06

将图片文件夹添加至照片库后的效果如右图所示。

在进行添加图片操作时，建议用户对图片文件夹进行整理，确定文件夹中只含有图片文件，没有其他类型的文件，以便加快添加速度。

注意啦

加-油-站

在 Windows 照片库中删除图片，原文件夹中的图片也被删除。

13.5.3 在照片库中编辑图片

Windows 照片库提供了简单、实用的图片处理功能，其中包括调整大小、调整颜色和修复红眼等常用操作，方便用户快速编辑自己喜爱的图片。下面以将彩色图片调整为黑白图片为例，向读者介绍在照片库中编辑图片的方法，具体操作步骤如下：

▶ 01

打开"Windows 照片库"窗口。

▶ 02

选择需要编辑的图片。

▶ 03

单击"修复"按钮。

Windows 照片库程序只能对图片进行简单的处理，复杂处理需使用大型图像处理软件，如 Photoshop。

▶ 04

在打开的窗口中，展开"调整颜色"选项，并拖动"饱和度"滑块，设置饱和度为最低值。

▶ 05

单击"回到图库"按钮。

色彩的饱和度是指在图片中色彩的浓度，值越大，颜色越鲜艳，值为 0 时，图片中只剩下黑、白、灰三色。

▶ 06

将图片调整为黑白照片的效果如右图所示。

在 Windows 照片库中，用户不仅能够快速便捷地浏览各种图片资源，还能轻松地对照片进行整理和编辑操作。

13.6　游戏体验

Windows Vista 操作系统内置了多款休闲小游戏，供用户在闲暇时进行娱乐，如"扫雷"、"纸牌"等。下面以这两款游戏为例，介绍 Windows Vista 内置游戏的娱乐方法。

13.6.1　扫雷

扫雷是一款经典的富有挑战性的小游戏，其目的是让玩家尽快找到隐藏的地雷，并标记

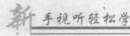

出地雷所在位置，一旦地雷爆炸，游戏便会结束。

1. 启动游戏

启动"扫雷"游戏的具体操作步骤如下：

单击"开始"按钮。

02

选择"游戏"选项。

扫雷游戏共有三个等级，本书列举的为初级游戏，用户上手以后，可在"扫雷"窗口中的"游戏"菜单中选择游戏的等级。

注意啦

加 — 油 — 站

Windows Vista 中所附带的游戏一般都是开发智力的游戏，用户在工作之余可适当娱乐。

03

打开"游戏"窗口。

在"扫雷"图标上单击鼠标右键，在弹出的快捷菜单中选择"开始游戏"选项。

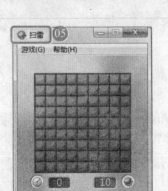

Windows Vista 中还新增了国际象棋、麻将、墨球等智力游戏。

注意啦

打开的"扫雷"窗口，如右图所示。

在"扫雷"窗口中，用户可在"帮助"菜单中获取帮助。蓝色的方格为游戏界面，下方左侧的文本框显示了当前游戏已花费的时间，右侧文本框显示了剩余的雷数。

注意啦

2. 玩转游戏

打开"扫雷"窗口后，即可开始游戏了，具体操作步骤如下：

在"扫雷"窗口中单击一个小方块。

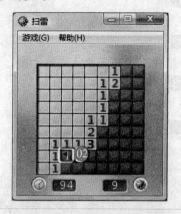

在有雷的方块上单击鼠标右键进行标记。

单击某一个小方块，如果不是地雷，则会出现一块空地，空地中大多标有数字。这些数字代表在该数字周围 8 个方块中共有地雷的数量。

找出所有有雷的方块，并标记它们。

若用户确认某一方块下隐藏了地雷，则在该方块上单击鼠标右键添加小红旗标记，标识此处有地雷，若用户误插了红旗，可在该方块上双击鼠标右键，取消标识。

完成游戏后会显示如右图所示的提示信息框。

若用户完成了游戏，将弹出右图所示的提示信息框，显示当前游戏所耗时间等信息。若游戏失败，将弹出失败提示信息框。

13.6.2　纸牌

　　纸牌游戏的玩法很简单，但也是很受欢迎的经典游戏之一。Windows Vista 自带的游戏通常都是智力开发游戏，常玩这类游戏，可培养用户勤于思考、善于分析的能力。

1. 启动游戏

启动"纸牌"游戏的具体操作步骤如下：

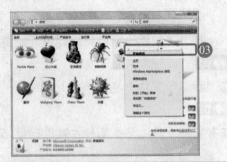

01

打开"游戏"窗口。

02

在"纸牌"图标上单击鼠标右键。

03

选择"开始游戏"选项。

04

打开的"纸牌"窗口如右图所示。

此游戏的目标是用左上角牌叠中所有的牌，配合下方牌叠中的牌，在右上角组成以 A 开头，从 A 至 K 顺序排列的 4 组花色牌叠。

2. 玩转游戏

打开"纸牌"游戏窗口后，即可开始游戏了，具体操作步骤如下：

01

将不同颜色的纸牌按次序叠放。

02

单击左上角的发牌空间，展开隐藏的纸牌。

若在牌叠中有 A，双击该纸牌，即可将其移至右上角的空位当中。

03

继续叠放纸牌，按 A 到 K 的顺序，将同颜色的纸牌叠放在右上角。

只可以将较小的牌放置在较大的牌下面，并且纸牌的颜色不能相同。

加 油 站

在"纸牌"窗口中，在右上角只能叠加同一花色的牌，无法叠加不同花色的牌，若发现左上角翻开的纸牌中，最右边一张与右侧的牌有相连续的，可双击该纸牌，此牌将自动叠放到右上角相应位置。

▶▶ 04

将所有同颜色的纸牌按 A 到 K 的顺序叠放在右上角。

▶▶ 05

叠放成功后会显示祝贺画面。

完成游戏后，系统将运行漂亮的祝贺画面，按任意键可跳过祝贺画面，按【F2】键可重新发牌。

▶▶ 06

弹出如右图所示的"游戏胜利"提示信息框，单击"退出"按钮，结束游戏。

若用户赢得游戏，将弹出如右图所示的提示信息框，在其中显示所耗费的时间及其他信息，若用户想继续游戏，可在右图所示的提示信息框中单击"再玩一局"按钮。

13.7　学中练兵——调整时钟的不透明度

为了使桌面边栏融入背景，可调整边栏中小工具的不透明度。下面以调整时钟的不透明度为例，介绍调整时钟不透明度的方法，具体操作步骤如下：

▶▶ 01

在桌面"时钟"图标上单击鼠标右键，弹出快捷菜单。

▶▶ 02

选择"不透明度"选项。

▶▶ 03

选择 40% 选项。

边栏中小工具的透明度只能单个进行调整，若用户需调整其他小工具的不透明度，需另外进行调整。

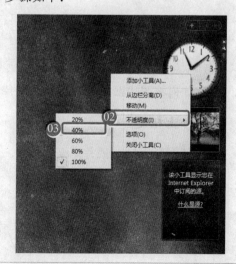

将"时钟"的不透明度设置为 40%后的效果如右图所示。

在使用 Windows 边栏和工具时，还可以对边栏和某些工具进行自定义设置，使 Windows 边栏的实用性大大增强。

注意啦

13.8　学后练手

　　本章主要讲解了 Windows Vista 中的新增功能，包括网络限制、Windows 联系人程序、Windows 日历程序、Windows 边栏、Windows 照片库以及游戏等方面的知识。本章学后练手是为了帮助读者更好地掌握和巩固 Windows Vista 的全新功能，请大家结合本章所学知识认真完成。

一、填空题

1. _____程序是 Windows XP 中"通讯簿"工具的升级产品。

2. 在 Windows Vista 中，新增了一个组件——_____，使用它可以方便地浏览图片，而且它还提供了强大的图片管理功能。

3. 在"纸牌"窗口中，按_____键可重新发牌。

二、简答题

1. 简述如何限制上网行为。

2. 简述如何将图片添加至 Windows 照片库。

三、上机题

1. 练习使用 Windows 照片库编辑图片。

2. 练习"扫雷"游戏。

附录 习题答案

第 1 章

一、填空题

1. 微软
2. 家庭版
3.【Ctrl＋Alt＋Delete】

二、简答题（略）

三、上机题（略）

第 2 章

一、填空题

1.【Windows 徽标键＋E】
2.【Ctrl＋A】
3. 60 天

二、简答题（略）

三、上机题（略）

第 3 章

一、填空题

1.【Windows 徽标键＋D】
2. 屏幕保护程序
3.【Ctrl＋Esc】

二、简答题（略）

三、上机题（略）

第 4 章

一、填空题

1.【Ctrl】 【Shift】
2. 回收站
3. Windows 资源管理器

二、简答题（略）

三、上机题（略）

第 5 章

一、填空题

1. 微软拼音
2.【Ctrl＋空格】
3. 自造词

二、简答题（略）

三、上机题（略）

第 6 章

一、填空题

1. 2.5 倍
2. 我的文档
3. 关闭

二、简答题（略）

三、上机题（略）

第 7 章

一、填空题

1.【Enter】
2. 主页
3. 视频 音频

二、简答题（略）

三、上机题（略）

第8章

一、填空题

1. 我的文档
2. 磁盘克隆
3. 计算机管理员

二、简答题（略）

三、上机题（略）

第9章

一、填空题

1.【Ctrl＋D】
2. .WAV

二、简答题（略）

三、上机题（略）

第10章

一、填空题

1. 外置设备和内置设备
2. 格式化磁盘
3. 还原点

二、简答题（略）

三、上机题（略）

第11章

一、填空题

1.【Ctrl＋H】
2. magnify
3.【Shift】

二、简答题（略）

三、上机题（略）

第12章

一、填空题

1. 休眠
2. 商业版
3. 85Hz

二、简答题（略）

三、上机题（略）

第13章

一、填空题

1. Windows 联系人
2. Windows 照片库
3.【F2】

二、简答题（略）

三、上机题（略）